人类个体心理学经典

生活·挑战

[奥] 阿尔弗雷德·阿德勒 著　甄颖 译

四川人民出版社

图书在版编目（CIP）数据

生活 挑战 /（奥）阿尔弗雷德·阿德勒著；甄颖译. ——成都：四川人民出版社，2024.10. —— ISBN 978-7-220-13081-6

Ⅰ.B848

中国国家版本馆CIP数据核字第2024H234Z7号

SHENGHUO TIAOZHAN
生活·挑战

[奥] 阿尔弗雷德·阿德勒 著
甄 颖 译

出 版 人	黄立新
策划组稿	张明辉
责任编辑	刘姣娇
营销策划	张明辉
封面设计	象上设计
责任印制	祝 健
出版发行	四川人民出版社（成都三色路238号）
网 址	http://www.scpph.com
E-mail	scrmcbs@sina.com
新浪微博	@四川人民出版社
微信公众号	四川人民出版社
发行部业务电话	（028）86361653　86361656
防盗版举报电话	（028）86361653
照 排	四川胜翔数码印务设计有限公司
印 刷	成都博瑞印务有限公司
成品尺寸	130mm×185mm
印 张	11
字 数	189千
版 次	2024年10月第1版
印 次	2024年10月第1次印刷
书 号	ISBN 978-7-220-13081-6
定 价	69.00元

■版权所有·侵权必究

本书若出现印装质量问题，请与我社发行部联系调换
电话：（028）86361656

本书谨献给我的人类大家庭,希望家庭成员们通过本书更好理解自己。

Translator Profile

译者简介

甄颖(Elly Zhen Ying)

美国正面管教资质导师

《孩子：挑战》《行之有效的正面管教》等9本书的译者/作者

"What Should Life Mean to You" Translator's Preface

《生活·挑战》译者序

阿德勒是个伟大的人。

他的伟大,不仅仅在于他是精神分析学派中第一位反对弗洛伊德理论的心理学大师,不仅仅在于他是现代自我心理学之父,不仅仅在于他创立了"个体心理学"。

个体心理学是当今广为人知的"人本主义""积极心理学"的前身和基础。史学家亨利·F. 艾伦伯格(Henri F. Ellenberger)在他的著作《发现无意识》(*The Discovery of the Unconscious*)中说:"恐怕很难找到另一位像阿德勒这样的作家,太多人借鉴引用了他著作中各方面的知识,却没有提到他的名字。"个体心理学给后世的影响远远比我们现在学习的知识、阅读的书籍更加广泛深远。

阿德勒的伟大还在于他对两性平等的前瞻。

本书写于1931年,将近100年前。那时的英国,辉煌的维多利亚女王时代刚刚结束不到20年,英国女性虽然已经不再穿让人几乎无法呼吸的紧身束胸,但是依然能看到束缚的影子。女性必须穿裙子、戴帽子,以嫁给身世优越、收入丰厚的男人为成功的标志。而阿德勒则大力倡导两性平等,认为男性不应因为自己是家里唯一的收入来源就看低女性。即使家务活也有其重要价值:"在我们当今的社会文化中,母亲这个职业的价值被严重低估……对家庭幸福和成功来说,母亲和父亲的付出同等重要。"(第十章"职业"。)

现在是21世纪，我们的世界仍然存在重男轻女、女性追求物质生活、全职妈妈在家庭中地位低下等等阿德勒在近100年前反对的现象，甚至很多女性自己也持有同样的观点。

我在工作生活中接触过大量的国内外女性，我常常和朋友们分享阿德勒的这些观点。我们衷心称阿德勒是"金牌妇女之友"，并且依据他的观点，将自己视作与男性平等的一分子，自立自强，自尊自爱，并且保持对男性的尊重。

阿德勒的伟大还在于他对职业平等的前瞻。

阿德勒写作本书的时候，1929年发源于美国的"大萧条"（the Great Depression）已经蔓延至欧洲。工业萎缩衰落，失业人口持续增多。而阿德勒则大力倡导抵制贫富悬殊，鼓励道德高尚："……甚至不择手段发家致富也被视为成功，我们对此不必惊讶。同时我们也不能保证，以贡献和合作应对生活难题的人一定会立刻取得金钱方面的成功。但是我们可以保证，这样的人将会一直保持勇气和尊严，不致走上歧途。"（第十章"职业"。）他大力倡导更加实际、更加人本的职业教育，即使对待罪犯也应平等地提供就业机会："我们确实不能矫正每个罪犯，但是我们可以设法降低那些心理相对软弱的人的生活负担。例如，增加就业率、提供职业训练，力图保障每个愿意工作的人都有工作。"（第九章"犯罪及预防"。）

即使今日，称这样的观点极具针对性、前沿性都不为过。尤其我们当今社会中的许多场景，仿佛就是阿德勒当年所叙述场景的再版。社会就业严重不平衡，财富被视作不可抗衡的成功标准，甚至是敬仰的对象。职业的所谓高低贵贱之分不但鲜被批评，反而广被接纳，成为教育孩子的"导航仪"。

幸运的是，我也看到越来越多默默为社会奉献的小人物被大众看到、喜爱、尊崇。例如疫情期间的快递员、不分昼夜工作的医护人员、工作结束后在街边起舞的清洁工夫妇、省吃俭用但保持乐观的建筑工人……而这些正是阿德勒所称的"人类的好伙伴"。

阿德勒的伟大还在于他对教育的前瞻。

受到卢梭的《爱弥儿》的深刻影响，19世纪末到20世纪中叶欧洲的新教育运动开始于兴建教学目标、内容、方法等方面与传统学校完全不同的新学校，教育活动逐渐由"成人中心"转向"儿童中心"。后来，这场运动由于大萧条而迟缓并转向。阿德勒不仅是新教育运动的拥护者，大力倡导师生平等的科学教育（不是老师高高在上，学生俯首听命、不听则罚的传统教育），而且，更进一步对教育者提出应具备的素质和心态："教师要怎么帮助学生呢？他必须像母亲那样和学生产生联结，对学生真正感兴趣。学生接下来需要做出的适当调整都建立在老师对学生的兴趣之上。老师绝对不能使用严厉的惩罚来促使学生做出调整。"(第七章"学校的影响"。)

我自己成长于20世纪80～90年代的国内公立教育体制，我的母亲是一位中学教师。过去十几年中，成百上千的国内教育工作者走进我的课堂，学习新理念、新方法。我自己的亲身经历、所见所闻以及同行伙伴的分享，常常让我一方面感叹当代教师的心理培训、心理建设远远不够，离阿德勒100年前在奥地利亲自指导的学校"顾问会议"的结果——"老师具备了足够的心理知识和实践，不再需要心理学家的帮助"——仍然相去甚远，学生的课业负担、师生之间的紧张关系、家校相互之间的抱怨仍然高居教师所遇挑战的清单榜前列；另一方面我也感叹，难以计数的教育工作者和家长为了将孩子培养成有责任心、有能力、有所贡献的未来公民,在有限的条件下付出最大努力以改善自己周围的教育状况,启发学生的智慧,激励学生的独立自主精神。正如阿德勒所说:他们的对人类的价值不可估量。

阿德勒出生于奥地利,儿时患有佝偻病、行动不便,童年还经历了弟弟在身边去世、两次车祸和严重的肺炎。他曾说他的童年笼罩着"对死亡的恐惧"和"对自己虚弱身体的愤怒"。后来他还经历了第一次世界大战(担任一所战地精神病医院的院长,见本书第五章"梦")、经济大萧条、希特勒对犹太人的迫害。他一生经历了死亡、疾病、歧视、痛苦、不公、灾难等等,而他不但没有向命运低头,反而成为当代心理学大师。

他的成功除了源于他生生不息的努力，更源于他努力的目标是为人类的共同福祉做出贡献，即他提出的个体心理学的核心理念：社会兴趣（德语为"gemeinschaftsgefühl"，阿德勒在本书中使用英文"social interest"或"social feelings"，因此本书将其翻译为"社会兴趣"或"社会情感"）。他一生所感兴趣的不是他自己，而是他人，是社会，是人类的未来。

阿德勒不仅提出了个体心理学的理论，更在自己的一生中加以实践：克服对疾病和死亡的恐惧，成为医生；认清自己不符合战争环境常识的生活模式，转而坚持诚实和公正；在欧洲倡导和实践教育改革；反对弗洛伊德的性驱力、遗传学理论，提出人类的"创造性自我"，将心理学带入社会性导向的新天地；强调人类的发展基于"他者兴趣""合作""贡献"并终生践行。

我前面所说的阿德勒的伟大之处只是个体心理学的冰山一角。当然，阿德勒也有他的时代局限性，例如他认为左撇子应该被纠正、同性恋是失败者等。然而瑕不掩瑜，他的伟大和前瞻不仅适合将近100年前的西方社会，也适合当今的中国社会。因此，有幸受邀重新翻译这本能改变人一生的心理学巨著，我深深感恩并竭尽全力。

这是我迄今翻译过的难度最大的一本书，除了需要个体心理学的专业知识以外，我还对照现有中文版本，以便让新的中文译本更加准确、清晰、易懂。例如，本书的核心内容之一"人类有三大Tie"——这里的Tie，应翻译为"限制"，而现有中文译本译为"联系"或者"任务"。我做了调研，找到1931年出版的第一版，并询问了美国和奥地利个体心理学家，最终确定"限制"应是正确翻译。再如，第二章的标题为"Mind and Body"，现有中文译本译为"心灵与肉体"。经过阅读整本书和很多其他有关阿德勒的文献资料，我确定了新翻译应为"头脑与身体"。还有一些漏翻译或误翻译之处，都在本次翻译中得到补充或订正。

我在翻译本书的过程中时常被阿德勒的伟大之处所打动，经常停下来将某段话摘抄出来，写上自己的一点心得，并分享给伙伴。有时我们还会在微信群里热烈讨论。我和很多伙伴都开始更多用"他者兴趣""合作""贡献"来衡量自己的行为,作为自己做决定的依据和培养孩子的方向。

我和很多伙伴的生活因为阿德勒的个体心理学而发生了改变,我希望并相信:本书也能改变你的行为,改善你的生活。

文无第一,武无第二。本次翻译中定有很多不足之处,敬请海涵。

感谢您的阅读。

甄颖

2024 年 9 月

Contents

目录

第一章 生活的意义 ………………………………… 1

第二章 头脑与身体 ………………………………… 27

第三章 自卑感与优越感 …………………………… 55

第四章 早期记忆 …………………………………… 81

第五章 梦 …………………………………………… 107

第六章　家庭的影响 …………………………………… 139

第七章　学校的影响 …………………………………… 179

第八章　青春期 ………………………………………… 207

第九章　犯罪及预防 …………………………………… 225

第十章　职业 …………………………………………… 273

第十一章　人与伙伴 …………………………………… 289

第十二章　爱情与婚姻 ………………………………… 303

I. The Meaning of Life

第一章
生活的意义

人类生活在意义的范畴里。我们所感受的并不是完全纯粹的环境，而是我们每个人对环境所赋予的不同的、独特的意义。即使是最初始的物体的意义，也是由人类根据自己的目的而赋予的。例如，"木头"的意义是"与人类相关的木头"；"石头"的意义是"作为人类生活因素之一的石头"。如果一个人想要脱离意义的范畴，仅仅生活在完全纯粹的环境里，那将十分不幸：他会将自己与其他人隔离；他的行为对自己和他人来说毫无用处。总而言之，这些行为没有意义。我们经历的所谓事实，并非事实本身，而是我们赋予意义的事实，是经过我们主观诠释后的所谓事实。因此，我们可以顺理成章地推断：这样的意义多多少少是不完整、不充分，甚至不完全正确的。意义的范畴即是错误的范畴。

如果我们问一个人"生活的意义是什么"，他可能回答不出。因为大部分人平时对这个问题没兴趣，不会费心思考答案。事实上，这个问题和人类的历史一样悠久。现在也一样，年轻人——其实也包括年长者——有时会充满苦恼地问："活着到底为了什么？生活的意义到底是什么？"我们可以说，他们可能只有在遭受挫折和失败时才会提出这个问题。而生活风平浪静、前途平坦时，他们就不会想到这个问题。然而事实上，人们已经通过自己的行为显露无疑地回答了这个问题。如果我们不关注人们的言语，而只观察人们的行为，就会发现每个人都有属于自己的"生活的意义"。人们所有的姿势、态度、行为、表情、礼节、雄心、习惯和个性特征等，都与他们自己的"生活的意义"一致。一个人的行为表现了他对生活的某种特定的理解，他所有行为的背后是他对自己、对世界的隐藏的信念：我是这样，世界是那样。这就是他赋予自己的意义，这就是他赋予生活的意义。

世界上有多少个人，就有多少个不同的意义。而我们前面说过，可能每个意义多多少少都有错误，没人拥有绝对正确的生活的意义；同时，我们也可以说，只要这个意义对某人有用，就不能说这个意义是错的。意义没有错误与正确之分，只有不同。即便如此，我们仍可以说，有些意义更优，有些意义更差；有些意义中的错误小，有些意义中的错误大。我们还能够揭示：较优的意义有哪些共性，较差的意义缺乏什么。这样，我们就能够获得科学、健康的"生活的意义"，能够获知如何衡量"真正的意义"。这个"真正的意义"能够帮助我们看到人类共性的现实——

这才是最真实的意义。即使还有其他星球或空间存在"真实的意义",因为它不基于人类的共性,我们无法得知,因此不是我们要考虑的,对我们人类毫无意义。

每个人都有3个限制,每个人都必须考虑这3个限制。它们构成了每个人的生活现实。生活的所有矛盾都和这3个限制有关。既然这些矛盾困扰着我们,我们就必须回答和面对,而我们的回答则体现了我们对生活意义的个人主观理解。

3个限制中的第一个是,我们所有人都居住在一个贫瘠星球的表面,这个贫瘠的星球就是地球,不是其他星球。我们的生存和发展受到地球所有条件的限制。我们必须不断发展自己的头脑和身体,以保证自己的生命和整个人类在地球上继续繁衍生息。这是一个挑战每个人的问题,需要每个人面对,没人能够逃脱。不论我们做什么,我们的行为都是对人类环境的回答:体现出我们认为什么有必要、什么合适、什么有可能、我们想要什么。所有答案,都受到"我们是居住在地球上的人类"这个事实条件的限制。

当我们考虑到人类身体的脆弱性和居住环境的不安全性,就能够看到,为了保障自己的生命和全体人类的利益,我们必须眼光长远、奉行可持续发展。就像我们面对一道数学难题，必须努力解答，必须竭尽全力，而不能企图蒙混过关或胡乱猜测。我们可能找不到绝对正确、完美的答案，找不到放之四海而皆准的解决问题的方法，即便如此，我们依然必须尽力找到最接近的、可能是最好的解决问题的方法。这个解决问题的方法最适合我们的现实——我们居住在一个贫瘠星球的表面，这个星球就是地球；地球的条件对我们的生存发展有利也有弊。

接下来是第二个限制，也就是没有谁是人类唯一的存在，我们还有其他人类伙伴，我们的生活和其他人息息相关。因为人类的脆弱性和居住环境的各种限制，所以任何人都不可能不和他人联结就能达到自己的目标。假如有人试图独自解决所有问题，那结果只会是这个人消亡。不但他自己的生存无法继续，他也无法为整个人类的生存做出贡献。人与人之间的联结与生俱来，因为我们作为人类本身很脆弱、受到各种限制。每个人为自己的益处、为人类的益处能够做出的最伟大的行为，就是与他人发生联结。因此，生活中每个问题的答案，都要以这个联结为前提和基础。我们生活在与他人的联结中，如果脱离联结，人类就会消亡。如果我们想要生存，那么我们就需要与他人的联结，包括我们的情绪和思维，也要与这个最重要的问题、目的、目标保持和谐——也就是说：我们人类居住在这个星球上，为了延续我们自己的生命、延续人类的生命，我们要与他人合作。

第三个束缚我们的限制，是人类有两种性别。个人和整个人类的生命延续都基于这个事实，爱情与婚姻的所有问题也在这个限制里，不论男人还是女人都无法逃避这个限制。当一个人面对与性别相关的问题时，他的行为就是他的答案。不同的人迎接爱情和婚姻挑战的方法不同，但都通过行为展示自己的方法——那个他觉得最适合自己的方法。

这3个限制随之带来3个问题：我们要做什么工作，才能在地球环境局限中生存；我们在人类群体中要找到什么位置，才能与他人合作并分享合作的益处；因为人类的生存和发展依赖于我们的爱情生活，那么为了人类的生存和发展，我们要怎样改变、调整自己，以适应与异性的关系。

个体心理学（Individual Psychology）发现，人类生活中所有的问题都可归属于3个范畴——职业、社会和两性。每个人对这3个问题的应对，反映了我们对"生活的意义"的真正理解。

例如，假设有个人，他的爱情生活很不完整，对工作毫不投入，没有朋友，而且认为接触他人十分痛苦。从他的这些生活局限中我们不难得出结论：对他来说，生活充满挫折，机会渺茫，活着是件艰难而危险的事。他狭隘的生活模式显现了他对生活的判断：生活的意义是，保护自己免受伤害，封闭自己，远离他人。

再假设另一个人，他与爱人关系融洽亲密，工作上取得可观的成就，交友广泛，友情深厚。那么我们就可以推断：这个人觉得生活之旅中充满创造性、充满机会，没有难以克服的困难。他迎接生活难题的勇气也显示了他对生活的判断：生活的意义是，对同伴有兴趣，成为群体一员，为人类福祉做出一份贡献。

正因如此，我们既可以看到所有"错误生活意义"的共性，也能看到所有"正确生活意义"的共性。所有的失败者——神经质病人、精神疾病患者、罪犯、嗜酒者、问题儿童、自杀者、变态者、卖淫者——他们的失败或错误皆因为他们缺乏对社会和同伴的兴趣。当面对职业、社会、两性这三方面的问题时，他们不相信可以通过合作解决问题。他们的"生活的意义"，是他们的私人意义；他们在达到既定的生活目标时不考虑别人是否受益，而只对自己的利益是否满足有兴趣；他们所谓的成功，其实是富有欺骗性的优越感，那个辉煌的意义只对他们自己成立。很多杀人犯承认，当他们手握毒药，心中会产生强大的权力感。而我们则看得很清楚：这个权力感只对他们自己有意义，他们手里的毒药并不能让别人认可他们的重要性。

事实上，私人意义并没有意义。意义只有在与他人发生联结时才有意义：只对一个人有意义的词语，是没有意义的词语。同理，我们的目标和行为也要对他人有意义。每个人都追求价值感，然而，如果我们看不到自己的价值感存在于对他人的贡献中，我们就会犯错。

有个小故事：有一天，一位宗教小团体的领袖把她的信徒召集起来，告诉他们下周三即是世界末日。信徒们十分相信，卖掉了所有财产，放下了所有俗世之物，兴奋地等待天国降临之日。然而，那个周三正常过去了，什么也没有发生。周四，信徒们聚集起来找那位领袖兴师问罪："看！我们现在成什么样子了！我们把所有家产都卖了，还跟每个遇到的人宣告周三是世界末日，天国会降临。他们嘲笑我们的时候，我们不但不生气，还再三强调这是可信权威说的。可周三过去了，世界还是老样子！"这位先知却说："可是，我的周三，不是你们的周三。"就这样，她用对她来说周三的私人意义进行狡辩，躲过了这场信任危机。由此可见，只对私人有意义的意义，实在经不起考验。

所有"正确的生活意义"也有共性，即是他人可以分享的意义，是他人可以接受、认可的意义。解决自己生活难题的好方法，也能帮助他人。这样的解决问题的方法，能让他人看到解决相通问题成功的方向。我们对"天才"的定义也基于这个基础，那些"天才"的才能对人类具有超常的有用之处：只有当一个人的才能，被认定对他人意义非凡，我们才会称这个人为天才（如果一个人具有某项非凡才能，然而这个才能对他人毫无用处，那么这个人不会被称为"天才"——译者注）。因此，他们的言行所传达出的必然是："生活的意义是——为群体做出贡献。"

我们这里说的不仅仅指职业，也指人们如何克服日常生活中的难题。成功解决生活难题的那些人，他们的行为的基础是他们充分和自发地意识到生活的意义在于对他人的兴趣和与他人合作。他们的所作所为由对同伴的兴趣所指引。当他们遇到生活难题时，他们会通过和他人利益一致的方式来加以克服。

可能对很多人来说，这个观点很新，他们可能会质疑：

"生活的意义真的是为他人做出贡献、对他人感兴趣、与他人合作吗？"他们可能会问："那我自己呢？如果我总是为他人考虑、为他人的利益做出贡献，那我个人的利益不会受损吗？如果我想提升自己而为自己考虑，难道这不是必须的吗？难道我不应该把学习如何保护自己的利益，或者如何完善自己的性格放在首位吗？"而我相信，这样的观点错之又错，这个观点中提出的问题也是一个富有欺骗性的问题。因为，如果一个人赋予生活的意义是对他人做出贡献，而且他的行为和情感与这个目标一致，那么他会自然而然地努力将自己塑造成适合做出贡献的最佳个性状态，会为了这个目标（基于社会兴趣的目标）而改善自己、训练自己，从实践练习中获得各种技能。先确定目标，在实践中练习，很自然地，他会不断充实自己，扩展自己的生活技能，以解决生活中前述 3 个限制方面的各种问题。以爱情和婚姻为例，如果一个人对伴侣真正有兴趣，如果他的目标是努力让伴侣生活得更好，他会自然而然地向着这个目标努力，做最好的自己。然而，如果我们相信"我不需要别人就能提升自己，就像活在真空中一样"——不以做出贡献为目标的所谓提升自己，会让我们变得盛气凌人，极难与他人相处。

另外还有一点足以证实贡献是生活真正的意义。让我们环顾四周，看看前人给我们留下的遗产，我们看到了什么？开垦过的土地、道路、房屋等等，他们留给我们的正是他们所贡献的。不论是文化传统、历史哲学，还是科技艺术，都展示了前人在应对人类生活问题时，通过交流分享生活经验而取得的成果。这些成果，是那些将人类共同福祉作为目标的人们所取得的。那些不以合作和贡献为目标的人呢？那些赋予生活另一种意义的人、那些只会问"我能从生活中得到什么"的人呢？他们几乎没有留下任何痕迹。他们不仅已经死亡，而且整个人生都是白活一场。甚至似乎连地球都在对他们说："我们不需要你。你不适合人类的生活。你努力的目标，你坚信的价值观，你的身体和灵魂，都看不到未来前途。走开吧！"当然，现代生活中依然有很多不足，当我们发现这些不足时，要努力改变它们。而这个改变，必须朝着为人类获得更多共同福祉的方向。

明白这一点的大有人在，他们理解生活的意义是对人类全体产生兴趣，努力培养自己的社会兴趣和爱。我们能在宗教中看到这样的救世情怀。历史上所有伟大的运动，都是人们努力增加社会兴趣的结果，宗教运动是其中最伟大的运动之一。然而，人们常常对宗教产生误解，除非宗教界人士对达成这个目标的努力比现在人们看到的更加直接，否则人们很难看到宗教如何增加人类的社会兴趣。而个体心理学则可以通过科学的方式，达成增强人类社会兴趣的结果。我相信，这是人类向前发展了一步。也许通过增强人类对伙伴的兴趣，科学能够比政治运动和宗教运动更能帮助人类接近社会兴趣的目标。达成这个目标的方式和角度各有不同，但目标本身却是一致的——增强人类对彼此的兴趣。

人们赋予生活不同意义，这个意义在本质上要么像守护天使般引导我们，要么像恶魔般驱使我们。因此，我们如何形成不同的意义、不同意义之间的区别是什么、如果意义中有严重错误该如何纠正等问题，尤为重要。这属于心理学范畴——也是心理学与生理学或生物学的区别——心理学致力于了解"意义"及其对人类行为和未来的影响，以增进人类的福祉。

人类从出生之日起就在摸索"生活的意义"。连婴儿都会无意识地试探自己的力量，以及这个力量对周围环境的影响。5岁左右时，儿童已经发展出一套相对固定明显的行为模式，属于他自己应对生活问题和达成生活目标的方式，形成对于"我对生活、对自己，可以期待什么"最深刻持久的概念。从这时起，我们便通过这个固定的"统觉基模"（scheme of apperception）来看周围的世界：接收体验之前，我们会先做出解释，而这个解释总是与我们已经赋予生活的意义保持一致（例如，我们体验一件事之前，会先对这件事做出自己的解释，而这个解释是无意识地基于我们过往形成的对生活意义的统觉基模——译者注）。即使这个意义严重错误，即使这样处理问题和应对事物的方式给我们不断带来不幸和痛苦，我们也不会轻易放弃这个意义。要想修正这样的意义，只有通过重新思考当初形成错误解释的场景，意识到错误所在，并纠正"统觉基模"。只有极少的人因为错误方式的后果迫使自己改变原来的生活意义，然后仅凭一己之力就完成这个改变。即使这样的人，如果不是因为错误方式的后果带来了社会压力，如果不是因为他发现原来的方式会让自己陷入绝境，他们也肯定不会改变。对错误行为方式的修正，大部分要借助受过"理解意义"训练的人的协助，通过他们的协助，一起揭示自己最初的错误，并得到更合适的关于生活意义的建议。

让我们举例说明童年经历可以用不同方式解释。不幸的童年，有可能被解释并赋予不同甚至相反的意义。有的人不让自己沉溺在童年不幸中，而是从中学到如何预防未来类似的不幸。这样的人会想：我必须努力解决不幸，以确保我的孩子生活更好。而有的人则会想：生活本来就不公平，其他人拥有最好的。既然世界对我不公，那我凭什么善待世界？有些家长就是这样对自己的孩子说："我小时候吃了那么多苦，都挺过来了，你们怎么就不行？"还有的人会想：因为我的童年不幸，所以现在我每件事都该被宽恕。这3种人的不同行为体现了他们对不幸童年的不同解释和意义。除非改变他们的解释，否则他们的行为不会改变。正是由于这个原因，个体心理学突破了"决定论"：成功或失败的结果并不是由过去某个经历决定的。我们并不是受到经历的直接打击——即所谓"创伤"——而是我们对这个经历的解释，这个解释其实和我们的目的相一致。当我们把生活的未来建立在过往部分经历之上，通常是错误的。环境不决定意义，我们对环境赋予的意义决定我们自己的命运。

当然，某些童年环境很容易让孩子产生出对生活意义严重错误的理解。很多失败者都是曾生活在这样环境里的儿童。首先要考虑的是婴儿期有先天生理器官缺陷或罹患疾病的儿童。他们的生活艰难，因此很难意识到生活的意义在于奉献。除非身边很亲近的人引导他们从关注自己转向关注他人，否则他们就会只关注自己的感受。长此以往，他们还可能会和周围人比较，对自己更加气馁。在我们的现代社会中，他们甚至也许因为周围人的怜悯、嘲笑、躲避而倍感自卑。这些环境都可能让他们封闭自我，失去在大众生活中成为有用一员的希望，并认为自己为世界所不齿。

在描述先天器官缺陷或生理异常的孩子所遇到的困难方面，我想我可能是第一人。虽然这方面的科学发展已经取得了长足的进步，但发展方向却非我所想。我一直在寻找克服这些困难的方法，而不是将困难造成的失败归咎于遗传或身体缺陷。器官缺陷不能强迫人建立错误的生活模式。我们找不到两个生理异常对其生活产生一模一样影响的孩子。相反，我们常常见到克服这些困难的儿童，他们不但克服了生理缺陷的影响，还在克服困难的过程中发展出有用的才能。因此个体心理学并不大力提倡"优生学"，很多对人类文明发展做出巨大贡献的杰出人士都有生理缺陷，他们的健康状况不佳，有的甚至早逝。然而很多情况下，正是这些奋力克服身体和环境困难的人，给人类带来了进步和贡献。困难磨砺了他们，他们更勇往直前。只看身体，我们无法判断头脑的发展是向好还是向坏。不幸的是，很多存在器官缺陷或生理异常的儿童并未得到正确的引导。他们面临的困难无人理解，他们也只关注自己。正是出于这个原因，我们发现大量失败者曾经是童年受到生理缺陷拖累的儿童。

第二种容易让儿童形成对生活意义错误理解的环境，是娇纵宠溺儿童的环境。被娇宠的孩子从小被他们的家长或养育者培养和训练得相信自己的愿望就是王法准则，自己无须费力就在他人之上，而且认为这理所应当。结果，当处在一个他不再是关注中心的环境时，当别人的要务不是关注他的感受时，他就会觉得十分失落沮丧，会觉得世界待他不公。他的生活经历将他培养和训练为只索取不付出的人，他从未有机会学习用其他方式解决问题。因为总被人伺候、包容，他丧失了独立，不知道可以自立。面临困境时，他只有一个方法——给他人下命令。在他眼中，如果他能强迫别人认可他的特殊地位，所欲所想都得到满足，并因此重获人上人的地位，这样才算处境改善。

被宠坏的孩子成年后，可能是社会中最危险的群体。有些人会严重破坏人类的善良天性，他们可能会伪装成"令人喜爱"的样子，然而其实际动机是要巩固自己想要的地位，以便凌驾于他人之上。这其实与合作精神相悖，违背平常人生活中的合作精神。还有一些人的反对则表现得更加公开，当他们觉得别人不再顺从和讨好他们，他们就会感到自己被背叛了，认为整个社会都对他们充满敌意，所以他们要报复。如果社会真的对他们的行为方式表现出敌意（毫无疑问，几乎确实会这样），他们就会用这个作为新证据，证明这是故意针对他。这就是惩罚无效的原因：惩罚只能强化"别人反对我"的信念。被宠坏的孩子，不论是背后抗争还是公开反叛，不论是示弱以操纵别人还是借暴力实施报复，错误本质都相同。我们还发现很多人两种方式都使用。他们的目标始终未变。他们认为，生活的意义是：成为第一，被认为是最重要的人，所欲所想获得满足。只要他们继续赋予生活这样的意义，他们所有的方式都是错误的。

第三种容易形成对生活意义错误理解的环境，是忽视孩子所处的环境。这样环境里成长的孩子从来不知道爱和合作是怎样的，他们对生活意义的理解中不包含爱和合作这些善良美德。因此很显然，生活中遇到困难时，他们会高估困难，同时低估自己应对困难的能力，也低估他人的善意。他曾经发觉社会对他冷漠，便认为社会永远对他冷漠。

他不知道可以通过利他来赢得情感和自信，因此会变得多疑，无法信任自己。冷漠的亲子关系对人的影响几乎难以逾越。

因此，母亲的第一要务，就是给予孩子"我可以信任另一个人（即母亲）"的亲身感受和经历。然后，她必须把这个信任经历扩大至孩子生活的所有范围。如果母亲的第一要务——赢得孩子的兴趣、情感和合作——失败了，那么孩子会很难发展出对别人的社会兴趣和伙伴感。每个人都天生具有对他人感兴趣的能力，只是这个能力需要被启发并不断练习，否则发展过程中就会充满挫折。

假如一个孩子被妈妈完全忽视、厌恶、排斥，他根本不知道合作，极度孤独，无法与他人沟通，不知如何与他人产生联系，那么正如我们前面所说，恐怕他其实早已无法生存。能够度过婴儿期这个事实本身，已经证明这个孩子或多或少得到了照顾和关心。因此，我们讨论的不是那些被完全忽视的儿童，而是那些得到照顾和关心较少的儿童，或者生活的某一方面受到忽视而其他方面得到正常照顾和关心的儿童。简而言之，我们所说的被忽视的儿童，指的是从未得到"我可以信任他人"经历的儿童。我们很痛心地看到，现代文明中很多失败者曾经是孤儿或私生子。

整体上，我们通常把这样的孩子归类为被忽视的儿童。

这3种情况——存在生理器官缺陷、被娇纵和被忽视——正是造成赋予生活错误意义的极大来源。成长于这些环境中的孩子几乎都需要得到帮助，以便修正他们应对困难的方式。他们必须得到帮助以赋予生活更好的意义。如果我们把眼睛和心放在他们身上——就是说，如果我们对他们真正有兴趣，并且训练自己对他们保持兴趣——我们就能通过他们的言行举止看出他们的生活意义。研究梦境及其联系也有用处，梦中的人格和醒时的人格其实一致，只是梦境中的社会压力较小，而且梦境中表现出的人格是不加防卫、不做隐瞒的。

然而，要想迅速了解个人赋予自己和生活的意义，最佳方式是了解记忆。每个记忆，不论它看起来多么微小，都代表了值得记忆的有价值的东西。之所以值得记忆，是因为每个记忆都体现了它背后所代表的生活——"是你可以期待的"或"是应该避免的"，或者让我们体会到"生活就是这样"。

我们需要再次强调，通过记忆中的经历而形成的生活意义，比记忆经历本身更重要。每个记忆都是值得记忆的瞬间。早期记忆十分利于研究一个人对待生活的方式和态度，长期以来受哪些影响。早期记忆之所以重要有两个原因。第一，早期记忆涵盖了个人对自己和环境的最基础的衡量评估，是个人对自己的外表、自我认知和与他人互动的第一个全面综合的结果。第二，早期记忆是个人主观世界的开始，是个人一生经历的起点。因此，我们经常发现，人们对于所处环境的不安全感及自身弱小感，与自己理想的环境安全感和自身强大感之间存在着巨大差距。所以，对心理学研究来说，一个人自认为记忆中的第一个经历是否真的是第一次，以及记忆中的经历是否客观真实，并不重要。记忆的重要性，在于记忆"被看成"是什么，在于人们对记忆的主观解释，和该解释对现在及未来生活的影响。

这里我们可以举几个早期记忆形成"生活意义"的例子。"咖啡洒在了桌子上，把我烫伤了！"这原本应该是一个正常的生活场景，然而一位女子从这里开始描述自己的生活经历，这便是她的早期记忆。我们从中不难发现，她的生活充斥着无助感和对困难与危险的高估。我们也不必惊讶当她与人交往时，心中会暗暗责备别人对她照顾不周。肯定是她幼年时有人对她疏于照顾，而让她经历这个危险！

把生活绘制为一幅危险的画面，也出现在我一个学生的早期记忆中："我记得3岁时,从儿童推车里摔下来。"伴随这个早期记忆的是不断重复的梦境:"世界末日即将到来,我半夜惊醒,看到天空被燃烧的火焰照得一片通红。星星纷纷坠落,我们的地球马上要和另一颗星球相撞!可是,就在两个星球撞毁之前,我醒过来了。"当我问这个学生恐惧什么事情时,他说:"我害怕无法在生活中获得成功。"很显然,他的早期记忆和重复的梦境带来的影响是他对生活的沮丧和对失败与灾难的恐惧。

有个12岁的男孩儿被带到诊所,原因是他晚上不断尿床,而且和母亲发生很多冲突。他的早期记忆是这样的:"妈妈以为我走丢了,她冲到马路上大声叫着我的名字,害怕极了。其实我一直躲在家里的柜子中。"从这个记忆中,我们可以看到他的推论:"生活的意义是:通过制造麻烦得到关注。得到安全感的办法是撒谎、欺骗。虽然我被忽视了,但我却能愚弄别人。"他晚上尿床的行为其实是使自己成为他人担心和关注中心的手段。而母亲也恰恰表现出对他的担心和焦虑,这更加强化了这个男孩儿对生活赋予的意义。和前面两个例子类似,这个男孩儿童年时获得的对外部世界的信念是:生活中充满危险,只有别人为我担心时,我才有安全感。也就是说,只有通过这样的方式，他才能跟自己确认：当他需要时，别人会保护他。

一位35岁女士的早期记忆是这样的："我3岁时，有次独自走向地下室。我正在黑暗中下楼梯，忽然，比我年长一点儿的表哥打开门，跟着我也走了下来。我被他吓坏了。"从这个记忆中能看出她年幼时不习惯和别的孩子玩耍，尤其和异性在一起时感觉更不舒服。我们猜测她是独生女，事实果真如此，而且目前35岁的她依然未婚。

下面的例子则可以展示更高的社会兴趣如何培养："我记得，妹妹坐在推车里，而妈妈让我来推妹妹。"虽然这个例子里，我们也许看到她和比自己弱小的人在一起会比较自在以及她对妈妈的依赖。但是当新生儿降临后，最好的赢得大孩子合作的方式，就是让大孩子参与照顾，培养大孩子对新生儿的兴趣，让大孩子分担保护新生儿的责任。通过这样的方式来赢得大孩子的合作，大孩子就不会认为父母对新生儿的关注会威胁自己在家中的重要地位。

想和别人在一起，却并不总是等于对他人有兴趣。一个女孩子的早期记忆是："我跟姐姐还有她的两个朋友一起玩儿。"这里我们能够肯定她正在发展社交能力，然而后来提到她最大的恐惧时，我们又洞察到她内心真正的挣扎："我害怕独自一个人。"因此，我们应该探究的是她缺乏独立的行为迹象。

一旦看到一个人赋予生活的意义,我们就掌握了了解这个人整体人格的钥匙。曾经有种说法:人类个性无法改变。事实上,这样的说法只对那些没有掌握这把打开困境之门钥匙的人才是正确的。正如我们前面所述,如果不找出最初的信念中的错误,任何讨论和治疗都无法奏效。而改善困境的唯一可能,就是训练处在困境里的人对生活更有勇气,更加合作。合作,也是防止精神病倾向的安全保障。因此,训练和鼓励儿童发展合作精神与能力,是重中之重。成人应该允许儿童在日常生活和玩耍中与同龄孩子相处,管理自己的生活方式和合作能力。妨碍儿童发展合作,将会导致极严重的后果。例如,在家里只对自己有兴趣的、被宠坏的儿童,会把相应的态度带到学校;即使他对学习有兴趣,也是因为这会让他得到老师的宠爱;他只听得进去对他有利的话。当他成年以后,因缺乏社会兴趣导致的困难、失败则会越来越明显。一个人童年第一次犯错时成年人没有培养和训练其自己承担责任和发展其独立意识与能力,待到成年之时,他们就会有无力感,无法应对生活的考验。

但是我们并不能因孩子的这些失败而责备他们,而要在他们承担痛苦后果时帮助他们及时修正。正如我们不能期待完全没学过地理的孩子在地理考试中取得好成绩，我们也不能期待没有得到合作训练的孩子，在面对合作需要时表现良好。

解决生活中的每个难题都需要合作的能力。完成每项生活任务，都必须在参与人类社会生活的大前提下，朝向增加人类群体利益的目标。只有那些理解"生活的意义是合作"的人，才能够以足够的勇气应对困难与挑战，取得成功。

如果老师、家长、心理学工作者们了解人们在赋予生活意义的过程中会发生错误，而且成人自己尽量不犯这些错误，我们就能充满信心地说：在这样的成年人的养育和帮助下，那些缺乏社会兴趣的孩子会对自己的能力、生活中的机会拥有更好的感受。遇到困难时，他们不会停止努力，不会寻找捷径，不会逃避和推卸责任，不会依赖他人，不会恃宠而娇，不会博取同情，不会觉得颜面扫地，不会伺机报复，也不会愤懑地想生活有什么用，我能得到什么。相反，他们会说："我要开创自己的生活，这是我的责任，而我有能力做到。我是自己行为的主人。如果生活需要破旧立新，舍我其谁！"如果人们都能独立自主，并通过合作来应对生活,那么我们一定能看到,人类社会的进步不可限量。

Ⅱ. Mind and Body

第二章
头脑与身体

人类一直在争论，到底是头脑支配身体还是身体支配头脑。哲学家们为此各执己见，有的是唯心论者，有的是唯物论者。即便持不同意见的人提出成千上万的论据，这个问题也从未有定论。个体心理学可能对找到解决方法有些帮助，因为个体心理学致力于解决头脑与身体之间的动态关系。当一个人——由头脑和身体组成——来接受治疗，如果治疗的根本基础是错误的，我们就无法帮助他。个体心理学的理论必须来源于实践，也必须经得起实践的检验。

我们的生活少不了要处理头脑和身体的动态关系，我们最大的挑战就是找到平衡头脑和身体关系正确的切入点，而个体心理学的建立大大降低了这个挑战的难度。头脑和身体不再是非此即彼的关系，我们看到头脑和身体都是生活中各种表达形式的载体：它们都是生活整体的一部分。因此，我们要从整体的角度了解两者的联系。人类的生活，是生命的活动，所以只研究身体显然不够。同理，植物不能活动，而只能固定在一个地方，所以研究植物的头脑毫无意义。如果有人发现植物有头脑——我们人类定义的头脑——那将会是个多么令人惊奇的发现啊。然而，就算植物有头脑，能预见未来，它们的头脑也派不上用场。例如，就算植物能用头脑预见和判断：有人走过来了，他要踩到我了，我马上就会死在他脚下了。可是它也无法移动自己，还是在劫难逃。

然而动物却不同，他们不仅能判断和预见，还能决定接下来如何行动。这个事实对于推断动物具有头脑或灵魂十分必要。

"知觉，你当然有，否则你不会有行动。"（莎士比亚戏剧《哈姆雷特》第三幕，第四场。）

预见接下来的行动方向是头脑的核心功能。当我们意识到这一点，就能了解头脑如何支配身体——头脑为身体指明目标。从来没有随意随机发生的行动——每个行动背后都有目标。而指明行动方向恰恰是头脑的功能，因此头脑在人类生活中占据主导位置。与此同时，身体又会影响头脑。做出行动和动作的是身体，头脑只能在身体能力和潜力所及范围内指挥身体。比方说，头脑想指挥身体奔向月球，但这不可能实现，除非头脑发明出能帮助身体克服其限制的方法。

人类的行动比其他动物更加丰富，不仅行动的方式更多样化——例如手的灵活和复杂，而且人类还有更强大的能力，即通过自己的行动改变周围的环境。基于这一点，我们可以推断：人类头脑中的预见和判断能力发展到所有生命形态中的最高级别；而且人类的行为也明显地体现出其是向着目标奋斗，以提升生存环境中人类整体的地位。

我们还发现，除了人类朝向当前目标的每个相应动作之外，所有动作背后还有一个共同的终极目标，那就是获得安全感——一种生活中的所有困难都被克服了的感觉；一种相对于我们周围的整个环境，我们最终变得安全和成功的感觉。基于这个终极目标，所有的动作和表现彼此努力配合，成为一个整体：头脑的发育成长是为了达成这个理想的终极目标，身体亦是如此，同时身体也向着与头脑成为一个整体的目标而成长。这个身体生理成长的目标早已经存在于胚胎之中。例如，当皮肤擦破受伤，身体其他器官会共同作用使其愈合。身体的生理成长潜能，也不是仅凭身体自己发育，在此过程中，头脑也会发挥作用。头脑在运动、训练以及日常卫生保健中的作用，都已经得到证实。以上种种，都体现了头脑和身体朝向终极目标，作为一个整体而共同努力。

一个生命从呱呱坠地直到结束的那一刻，头脑和身体之间共同努力的关系从未间断。头脑和身体是一个整体中不可分割的两个部分。头脑如同引擎，为发现身体潜能提供动力，帮助身体克服困难，努力达到终极安全。每个动作、每个表情、每个状态，我们都能看到头脑在其背后的作用。一个人做出一个动作，这个动作必有其意义。他眼睛的动作、舌头的动作、面部肌肉的动作，整个表情都有意义。而给予这些动作意义的，就是头脑。因此，我们可以明白心理学——或称为头脑的科学——到底在研究什么。心理学领域的研究对象是每个人的每个表达的意义，心理学就是寻找研究这些意义的方法，并将不同的意义相互比较探究。

在向着这个安全终极目标努力的过程中，头脑将这个目标在每个时刻进行具体化：现在这个时刻的安全目标是什么？需要什么行动能接近和达到？当然，头脑可能发生错误，但是如果没有每个时刻既定的具体目标和相应的方向，身体则根本不可能做出任何动作。比如，我抬起手，那就说明我的头脑中已经有了"抬起手"这个动作的目标。虽然有时候头脑中的目标可能带来灾难性的实际结果，但之所以头脑会形成这个目标，是因为头脑错误地相信这个目标是最有利的。因此，所有心理错误都是行动方向选择上的错误。全人类都需要安全感这个终极目标，但是有些人选择了错误的行动方向，这个选择将他们引入歧途。

当我们看到某种状态或者病症，却无法辨析其背后的意义，那么最好的方法，首先是分析这种状态表面的行为。以某人是小偷这种表征为例，所谓偷东西，就是将他人之物据为己有。然后我们来分析这个表面行为背后的心理目标是什么。他的心理目标是让自己富有，通过拥有而获得更多安全感。那么，这个行为最初的出发点则是贫穷导致的物质匮乏感。接下来，我们探索在怎样的环境和情况下这个人会产生贫穷导致的物质匮乏感。最后，我们分析他是否采用了正确的行为克服挑战、克服自己的贫穷匮乏感；他的行为是朝向正确的目标，还是用错误的行为方式获得所求所想。我们不需批判他"想要获得安全感"这个最终目标，但是我们可以指出他在获得这个目标的过程中选择了错误的方式。

人类在环境中所做出的改变，我们称之为文化。我们的文化即是头脑激发身体做出的行为的综合结果。我们的行为受到头脑的启发，身体的生存和发展受到头脑的指导和协助。总之，我们看不到任何不受头脑控制的言行。

然而，我们绝对不是强调头脑高于身体。想要克服生活中的困难，需要恰当的身体反馈。由此可知，头脑判断分析环境，使身体受到保护——避免罹患疾病和死亡，避免受伤、遭遇意外和受到损害。我们能感受喜乐或痛苦，能产生想象和预见，能分辨环境优劣，这些天生的能力都是为了实现保护身体这个目标。头脑产生感觉，促使身体对环境做出既定反应。所谓想象和预见，其实就是预料下一步的未来。此外，想象和预见还有更多作用：它们激起感觉，感觉又促使身体做出反应。由此可见，每个人的感觉，都与他赋予生活的意义和努力的目标息息相关。虽然感觉对身体的控制程度很高，但感觉却不依赖于身体，而是由个人的生活目标和生活模式决定。

显而易见，仅仅是生活模式本身并不能支配一个人。也就是说，如果没有其他因素，生活态度本身并不能使人产生精神病症。因为，病症的行为由感觉引起。个体心理学中有个全新的观点，那就是我们观察到：感觉完全不会与生活模式相悖；相反，行为的目标确定后，就会产生与这个目标对应的感觉。我们在这里讨论的不是生理学或生物学范畴的感觉，我们无法通过所谓化学反应的方式来解释或预测感觉如何产生。个体心理学当然认可生理学中的感觉，然而我们更感兴趣的是从心理学角度探讨感觉。比如，我们不太关注"焦虑"这个感觉和交感神经或副交感神经之间的生理学关系，而是研究"焦虑"这个感觉背后的心理目的和行为结果。

根据上述研究方向，我们就不能说"焦虑是由于性压抑引起的后果"，或者把焦虑看作"难产后遗症"——这些解释都偏离了目标。我们都知道，如果一个孩子习惯了母亲时时刻刻在身边陪伴、协助、保护，那么他很可能发现，焦虑——不管产生焦虑的原因是什么——是一个他能控制母亲的有效武器。我们并不是仅仅描述一个人愤怒时产生了什么生理反应，我们的研究经验显示：愤怒这个感觉可以被使用为控制他人或环境的工具。我们当然认可不论是生理还是头脑的表现都以天生的身体条件为基础，但我们更加注重研究这些生理行为表现背后的东西，研究其朝向什么既定目标。这才是心理学研究的真正对象。

我们在每个人身上都能看到：感觉的产生与想要实现的既定目标，两者方向一致；而且，感觉产生的程度也与既定目标的实现程度一致。一个人是焦虑恐惧还是自信勇敢，是高兴开心还是沮丧难过，都与他的生活模式一致。也就是说，当我们了解了一个人的生活模式，我们就能期待和预知这个人的感觉表现方式及其强烈程度。例如，如果一个人通过表现悲伤来实现获得优越感这个心理目标，那么就算他获得了优越感，也不会表现得快乐和满足，这是因为他只有身处痛苦中才会快乐（即他的优越感来自表现悲伤,如果表现出快乐满足,他就无法实现获得优越感的心理目标,因此他只会继续表现悲伤——译者注)。

只要稍加留心,我们还能注意到,这些感觉其实"因需而来,因需而去"。一个患有所谓"旷场恐惧症"(agoraphobia,又称广场恐惧症或旷野恐惧症,意指对于空旷之地或露天场所心存恐惧的症状,患者会认为无法逃脱,或出现意外会无人帮助而异常紧张、恐惧——译者注)的患者待在家里或指使他人时,他们的焦虑恐惧就会消失。几乎所有精神疾病患者都会逃避生活中他们认为自己无法掌控或征服的部分。

情绪基调与生活模式也始终一致。举例说明,胆小鬼永远是胆小鬼。虽然他可能面对更弱小的人时表现得颐指气使,或者在他人保护支持之下表现勇猛,但他可能在自家门上装 3 把锁、用警报器和看门狗保护自己,同时宣称自己充满勇气。即使有人想证明他其实充满焦虑,也很难让他承认。然而,恰恰是他各种保护自己的措施和行为,明显无疑地展示了他的胆小鬼性格。

性与爱情里的情况也能说明这一点。当一个人对异性产生性和爱的兴趣,想要接近对方,与性和爱相应的感觉就会产生。这时他的注意力会集中在这里,自然放下与此不相关或与此相反的事情和兴趣，相应的感觉与行为也同时被激发。反之，如果一个人对异性产生性和爱方面的兴趣，却拒绝放下与此不相关的兴趣和活动，就会难以激发和产生相应的感觉和行为，而发生例如阳痿、早泄、性偏好障碍、性冷淡等病症。从本质上讲，这些病症都由错误的优越感目标或错误的生活模式而引发。我们在此类病例研究中总能看到"希望被他人照顾而不是为他人付出"的倾向，看到他们缺乏社会兴趣，看到他们在积极行为和增加勇气方面的失败。

我的一位病人，在家里排行老二，因无法摆脱深深的因自责而产生的内疚感而十分痛苦。他的家庭中，父亲和哥哥都十分强调诚实这个品质。7岁时，有一次哥哥代他做了作业，但他跟老师说作业是自己做的。他把由这个谎言带来的内疚感在心里藏了3年。3年后，他终于忍不住，找老师坦白了这件事。然而，老师对此只是一笑置之。接着，他又找到父亲，掉着眼泪坦白承认自己那次说了谎。这次比较成功，父亲对儿子的诚实而感到非常骄傲，安慰和夸赞了他。可是，尽管父亲原谅了他，他依然十分内疚和沮丧。至此，我们能够自然得出结论：这个孩子在这件琐碎的小事上如此苛责自己，其实是为了证明自己极度的高尚诚实——家里超高的道德氛围,让他产生在这方面超越他人的冲动。因为在学业和社交生活方面,他都比不上哥哥,于是他通过自己的方式——苛责自己的不诚实——来实现获得优越感这个心理目标。

后来,他又因其他行为而极度内疚和自责,他手淫成瘾、考试作弊成瘾。每次考试前,他的内疚感更是快速飙升。再后来,他离家去上大学,计划学习一项专业技术,但是他强迫性的负罪感变得日益严重,花整天时间向上帝祷告,恳求上帝宽恕他,以至于他根本没有时间学习和工作。随着年龄增长,他的困难愈发累积。看起来,他的良心敏感度比哥哥高,所以心理负担也更重。然而实际上,他是为无法与哥哥取得同样的成功而积累愈来愈多的理由。

当他被送进精神病疗养所的时候,状态已经十分糟糕,医生甚至诊断他的病症无法治愈。然而,过了一段时间,他的症状好了很多,于是他离开了疗养所。离开之前,他请求医生,一旦病症复发,他能有机会回来接受治疗。离开疗养所之后,他改换了专业,开始学习艺术史。当一次考试临近的周日,他忽然跑进一所教堂,在神像和众人前扑倒在地,大声哭喊:"我是人类中最大的罪人!"——他再次使用他的"良心"引起了人们的关注。

于是果不其然，他又回到了精神病疗养所接受治疗。后来，他再次离开疗养所，回到家里。然而有一天，他忽然全裸地出现在客厅里，来吃午饭（他体格健美，这一点倒是让他胜过他的哥哥和其他人）。

他通过表现极度的内疚和自责使自己显得比他人更诚实——诚实是这个家庭强调的美德——来实现他获得优越感的目标。然而，他的方式和努力的方向却对生活无用。他逃避考试和专业学习，其实是他与日俱增的懦弱和自卑感所表现出来的迹象；他的精神病症表现，其实是逃避那些他相信会失败的生活内容和活动。显而易见，不论是他匍匐在教堂认罪，还是裸体走进饭厅，都是他获得优越感目标的拙劣表现。而这些行为貌似难以理解，实际却与他的生活模式保持一致，所以也产生与之相应和一致的感觉。

正如我们观察研究所示，生命最初的四五年，正是人类发展头脑并建立头脑与身体联系的时期。人们将遗传条件因素和外部环境影响整合利用，以配合对追求优越目标的需求。5岁结束时，一个人的人格已经清晰形成。这时，一个人赋予生活的意义、追求的优越感目标、达成目标所采取的方式、情绪性情基调等都已固定。余生中，这些人格内容可能会改变，但只有摆脱童年形成的错误心理目标和错误的生活意义，改变才能发生。正如他以前所有的行为举止都与他赋予生活的意义一致，此时，如果他能够纠正错误，他的新行为举止将与他赋予生活的新意义一致。

人类通过生理感官从外界环境获取信息，得出印象或结论。因此，我们可以从一个人使用自己身体的方式，判断他从环境中获得什么信息、得出什么印象，以及他会怎样使用这些经历。如果我们留心观察一个人看的是什么、听的是什么、关注的是什么，我们就能对他了解得相当充分。这就是行为举止的重要性。行为举止表达他们的情绪，以及对外界信息的选择。一个人的行为举止总是受到他所赋予生活的意义的限制。

现在，我们可以对现有的心理学定义再增加一点：心理学要了解人类对自己身体的印象和结论所秉持的态度，还要了解不同头脑之间的巨大差异如何形成。通常，如果一个人的身体对环境的适应产生偏差，或者无法适应环境，那么他的头脑就会认为身体是负担。因此，身体器官存在缺陷的儿童，在头脑发展方面要比常人遭遇更多困难和障碍，他们的头脑难以指挥和影响身体向着让自己有优越感的目标成长。在他们达成这个与生俱来的目标的过程中，他们需要付出较常人更多的努力，需要更多专注。然而，这也容易使他们的头脑负担过重，形成过度自我中心的心理。

如果一个孩子总是关注自己的生理缺陷和相应的行动方面的困难，他就没有额外精力关注外部环境和他人，结果会导致他缺乏对社会的兴趣和与他人合作的能力。生理器官缺陷的确会带来行动障碍，但这些障碍并非注定他们劫数难逃。如果一个有生理缺陷的人的头脑致力于克服生理障碍，那么他就能取得和没有生理缺陷的人一样的成功。事实上，很多天生存在器官缺陷的儿童，能够做到不畏惧这些缺陷，甚至取得比常人更大的成功。结果，生理缺陷带来的行动障碍，反而成为促使他们更加向前的动力。例如，有一个男孩儿，天生存在视力缺陷，生活中有很多不便。然而他努力发展自己的视力，观察世界，更有兴趣分辨颜色和形状等。结果，他对于视觉世界的体验比视力正常的孩子更加丰富。因此，生理缺陷也可以成为动力和良源，只是需要运用头脑去找到克服困难的正确方法。众所周知，很多艺术家和诗人也饱受视力缺陷的困扰，但他们训练头脑克服自己的生理缺陷，最终，他们对视力的运用往往高于正常人。类似的逆转也能在天生左撇子的儿童身上看到：他们不被刻意当成左撇子对待，尽管他们的右手天生并不擅长写字、画画、做手工，但在家里、学校里，他们依然被正常教导使用右手。我们可以期待和相信，一旦他们的头脑找到克服这个困难的正确方法，他们的右手甚至能发展得更加灵活。事实也的确如此，很多天生左撇子的儿童，反而能用右手更快写出漂亮的字、画出美丽的画、做出精致的手工。找到正确方法，加上兴趣，辅以足够的训练和练习，他们就能把先天障碍逆转为优势。

只有愿意为团体做贡献，兴趣不只在自己身上，儿童才能通过训练找到克服生理缺陷的成功方法。如果儿童唯一的兴趣是摆脱生理缺陷，他的进步则会很缓慢。当孩子看到通过努力能够达到的目标，而且达成这个目标比自己的生理缺陷更重要，那么他就会愿意持续付出努力，这是他兴趣和注意力的方向。如果孩子的兴趣和关注点是自己以外的人和事物，那么他就会自然而然地发展和锻炼自己以达成目标。生理缺陷和困难只是通向成功目标路上需要克服的障碍。反过来，如果孩子的兴趣和关注点只是自己的缺陷，或者他的目标只是让缺陷消失，那么他就不会取得真正的进步。还以左撇子的儿童为例，如果仅仅在脑子里想，希望右手不那么笨拙，而不付出行动，或者期待右手的笨拙自动消失，或者采用逃避的方式，都无法使笨拙的右手变得灵活。只有通过不断练习并达成一个个可行的目标，才能让右手越来越灵活；而且达到成功目标的重要性和成就感，必须比笨拙带来的长期沮丧感更加强烈。如果一个孩子想要全力以赴克服自己的生理缺陷，那他就必须有一个自己之外的关注的目标——一个他愿意为此竭尽全力的目标，这个目标基于他对现实的兴趣、对他人的兴趣和对合作的兴趣。

我对有罹患遗传性肾管缺陷的家庭所进行的研究，为我提供了一个有关遗传以及如何利用遗传因素的很好的例子。患有这类遗传缺陷的孩子常伴有遗尿症（尿床症），其肾管缺陷真实存在，肾器官、膀胱的情况或脊柱裂（spina bifida）都可以证实；腰椎部位皮肤表面的青痕或斑痣，也表明有这类器官缺陷。然而，这个遗传缺陷并不直接导致遗尿症。患有遗传性肾管缺陷的孩子，并不是因为器官缺陷本身而患上遗尿症，而是他们利用了自己的器官缺陷。例如，有些孩子只在晚上尿床，白天则不会尿裤子；当父母态度或者环境发生变化，有些孩子的遗尿症会忽然消失。除了低能儿童外，只要这些孩子放弃通过器官缺陷达成自己的错误目标，就能克服遗尿症。

然而，很多成人对待患有遗尿症孩子的方式，却是刺激他们继续保留相应的症状而不是克服。训练有素的母亲能够正确应对，而没有经验的母亲则显示出不必要的软弱。常常，在有罹患遗传肾病或膀胱疾病儿童的家庭中，所有和泌尿有关的事情都被过分关注和强调。很可能，母亲用尽浑身解数想要帮孩子消除遗尿症，而当孩子发现这个症状背后有这么大的"价值"，他就可能拒绝让症状消失。这样，父母反而给了孩子一个好机会，表明他反对父母的治疗或养育。而当孩子想反抗父母时，总能找到父母最薄弱的地方进行反击。一位知名的德国社会学家研究发现，很多罪犯来自以压制犯罪为职业的家庭，例如法官、警察、狱警的家庭，而且比例大得令人吃惊。还有个常见的现象，那就是教师的子女顽劣难教。我自己的经验也与此一致。我还发现，医生的孩子中罹患精神疾病的数量，以及牧师的孩子中成为不良少年的数量，也相当惊人。同理，父母对遗尿症越过分强调、重视，就越是给孩子指出一条道路：孩子表明自我意志的反抗之路。

遗尿症这个例子还能很好地说明人们会使用梦境引发与心理目标一致的情绪。尿床的孩子经常梦到自己从床上起来，到了卫生间——尿尿的最佳时刻——于是孩子使用这样的梦原谅自己的行为，轻松地尿在床上。有时候，遗尿症背后的目的是引起别人的关注、指使和控制他人，即使在晚上也要像白天那样得到关注；有时候，遗尿症的背后是表达敌意，是对他人的战争宣言。不论从哪个角度，我们都能看到，遗尿症其实是很有创造力的表达方式，孩子不是用嘴巴表达，而是用膀胱。他的生理器官缺陷，只不过是给了他表达主张的切入点而已。

用这种方法表达自我的孩子，总是很紧张难受。他们通常的情况是，以前他们是别人注意的中心，而现在丧失了这个地位。可能是因为家里有了另外一个孩子，他发觉很难独得母亲的宠爱。因此，尿床就成了孩子想要离妈妈更近的行为表达。虽然这个行为令人烦恼，但它其实在说："我还没有像你认为的那样长大，我还需要你照顾我。"除此之外，有其他的器官缺陷的孩子也会采取类似的方法。例如，孩子还可能利用声音达到想要联结的目的。比方说，晚上不停地哭闹。有的孩子梦游、做噩梦、从床上摔下来，或者经常吵着口渴要水喝。这些行为表面上不同，但背后的心理背景十分类似。这些病症行为的选择，一部分是基于天生的器官缺陷，还有一部分是基于对周围环境的态度和信念。

上述这些例子都显示了头脑对身体的影响。事实上，头脑不仅能支配身体选择某些病症行为，甚至能影响和控制全部身体发育。我们目前还没有证实这个理论假设，让这个假设成为定论可能也较难。但是，能够证明这个假设的证据却相当明显。如果一个男孩儿很胆小，那么他的胆小就会影响到其身体发育。他会不太关心自己锻炼身体的成就，甚至不敢想象自己会身强体壮。结果是，他不会想办法有效锻炼和增强肌肉，对于刺激人们想要强健体魄的信息，他也会不纳入考虑之列。当别的愿意强健体格的孩子身体不断发育的时候，而他因为缺乏这方面的兴趣，体格发育落后。

这些讨论帮我们顺理成章地得出结论，身体的形态和整体发育不仅受到头脑的影响，而且能反映出头脑中的错误信念和弱点。我们经常可以观察到，很多生理形态和行为，恰恰就是头脑中弱点的体现，是头脑没有找到克服困难的体现。例如，我们前面已经确认，从出生到四五岁，内脏器官的发育会受到头脑的影响。内脏器官缺陷本身并不能对行为带来无法控制的结果。恰恰相反，儿童所处的环境、用什么方式获得关注以及头脑在环境中的创造性思考，都在不断影响器官发育。

还有一种证据我们更熟悉，因此更容易被理解和接受，即情绪会通过身体以不同程度表达出来。只是这个表达通常很短暂，而且不是固定不变的。每个人表达情绪的方式几乎都能被看到，可能是姿势或体态，也可能是面部表情，还可能是颤抖的腿或膝盖。类似的表达还可能出现在内脏器官中，例如当一个人面色变得通红或苍白，说明他的情绪引起了血液循环的变化。生气、愤怒、焦虑、悲伤等情绪也会引发身体变化，而且每个人的身体表达不同。同样都是恐惧，可能一个人是浑身颤抖，另一个人则是汗毛竖起，第三个人可能是心跳加速，其他还有冷汗直流、喉头僵硬、声音嘶哑，或者全身缩成一团无法行动等。还有的人会因恐惧出现肌肉痉挛，丧失食欲，或者反胃呕吐等。有些人的恐惧可能影响膀胱，有些人则影响性器官。例如，有些孩子考试前会出现性器官刺激反应。另一个类似的常见现象，是有些罪犯实施犯罪行为后会去找妓女或情人。有些心理学家认为性行为和焦虑情绪息息相关，另外一些心理学家则认为这两者毫无关联。这些都基于他们的个人经验和观点，对有些人来说这两者相互关联，对有些人来说则没有。

不同身体反应因人而异，可能其中也有遗传因素，这些身体反应通常能让我们看到一些同一家族的人共有的弱点和特质，家族不同成员可能有相同的身体反应。然而真正有意思的是研究头脑如何利用情绪激起身体反应。情绪及其身体反应，能够帮助我们看到头脑如何判断环境是否对自己有利，以及做出怎样的动作和反应。例如，当一个人被激怒时，他要以最快的速度克服自己的不完美，表现自己的强大，那么最好的身体反应就是打架、攻击或指责对方。而愤怒这种情绪此刻会影响到身体：让身体做出相应的动作，或者增加情绪的程度。有些人愤怒时，则会出现胃痛或脸涨得通红，这是情绪引发了血液循环变化。有些人的愤怒甚至会引起偏头痛。我们发现，很多习惯性头痛或偏头痛的背后，是病人不承认的愤怒或被羞辱的情绪。有些人的愤怒甚至还可能造成三叉神经痛或癫痫。

对于身体如何受到影响，目前尚没有充分探索，可能我们永远无法全部研究清楚。我们已经知道的是，情绪紧张会对自主神经系统和植物性神经系统都产生影响。出现紧张情绪，自主神经系统会有所反应，产生相应的行为。有些人的反应是拍桌子、咬嘴唇、撕纸、咬铅笔或者抽烟等等。这些行为告诉我们，这个人此刻受不了其所处的境地。在陌生人面前面红耳赤、手足无措、浑身发抖，也是情绪紧张的行为表现，这种情绪经由植物性神经系统传至全身。因此，无论什么行为，都使得整个身体成为紧张情绪的载体。我们无法清晰全面地了解身体在情绪紧张时的所有表现，只能探究能被发现的那一部分。假设我们能够探究得更多，将会发现其实身体的每个部分都参与到了情绪表现之中，这些反应行为正是头脑和身体共同作用的结果。探究头脑与身体的互动十分必要，因为两者是同一整体的两个部分。

我们可以从前述证据中得出结论，生活模式和与之对应的情绪会对身体的发育持续产生影响。如果儿童的生活模式在其生命周期的前几年固定下来，而且我们有足够的观察和经验，那么我们就能预见儿童成年后身体发育的结果。一个有勇气的人对生活的态度也会反映在他的体格上。他的身体会通过不同方式发育：肌肉更强壮，体态更优美。有勇气的人的体态、表情以及最终身体的整个特性都会不同，甚至头骨形态都会受到影响。

当今，我们很难否认头脑对身体的影响。病理学的很多案例显示，有些病人因为大脑（身体器官之一）右半球受损而丧失阅读和书写能力，但是通过训练大脑其他部分，他们的读写能力能够恢复。另外一个常见现象是，一些患有脑卒中的病人，他们大脑的受损部分已经无法恢复，然而大脑其他部分却能够予以协调补偿，承担受损部分的功能，完成大脑的整体运作。这些事实对我们主张的个体心理学在教育中的应用十分重要。如果头脑（mind）能对大脑（brain）的生理运作产生影响——大脑只是头脑功能的工具之一，是最重要的工具，但仍然只是工具而已，那么我们就能找到改善这个工具的方法。那些天生大脑存在生理缺陷的人，不必一生都受到这个缺陷的限制，他们能找到让自己的大脑更适合生活的办法。

执着于错误方向的头脑——例如，发展能力的方向不是合作——则对大脑的发育无法施加有益影响。这一点解释了我们的一个发现，即早期缺乏合作能力训练的儿童，成年后也会显示出缺乏理解他人的智力和能力。我们能从一个成年人的言行举止看到这个人在其生命周期最初四五年形成的生活模式，以及这个生活模式对他的影响；也能清楚地看到这个人的"统觉基模"和他的生活意义产生的结果。据此，我们能探察出阻碍他与他人合作中的失误是什么，帮助他纠正失误。这就是个体心理学向科学发展的第一步。

很多学者指出，头脑和身体之间存在某种联系，然而似乎没有人致力于揭示这个联系到底是怎样产生的。例如，恩斯特·克雷奇默（Ernst Kretschmer，德国精神病理学家和心理学家，"体型和性格学说"作者——译者注）提出，可以通过不同体型判断它们各自所对应的头脑。据此，他能将大部分人区分为不同类型。其中一类是"肩宽矮阔体"（pyknoid），这类人通常脸圆、鼻子短，又胖又壮，就像歌剧《凯撒大帝》中所描述的："我要那些身体长得胖胖的、头发梳得光光的、夜里睡得好好的人，在我的左右。"（莎士比亚戏剧《凯撒大帝》第一幕，第二场。）克雷奇默认为这样的体型与心理个性有关，但他并没有清楚地阐释两者之间的具体联系。而根据我们的经验，这类体型的人通常没有先天生理器官缺陷，他们的身体很适合我们当今的文化。体力上，这类人与他人不相上下，对自己的力量有信心。如果需要打架，他们也能上场，但并不是主动挑衅斗殴的人；他们不将别人视为敌人，不对生活充满敌意，不认为生活中充满痛苦。有些心理学者将他们称之为"外向性格"，但却没有解释其中的原因。而我们认为，他们之所以是"外向性格"，是因为他们没有生理（身体）方面的困扰和痛苦。

克雷奇默区分出的另一个相反的类型是"分裂体"（schizoid）。他们通常要么极为矮小，要么特别高瘦，鼻子细长、脸型长圆。他相信这样体型的人通常性格保守，善于自省；如果他们受到严重精神困扰，很容易出现精神分裂症（schizophrenia）。莎翁戏剧《凯撒大帝》对此也有描述："那个凯歇斯有一张消瘦憔悴的脸；他用心思太多；这种人是危险的。"（《凯撒大帝》第一幕，第二场。）可能，这类人饱受生理器官缺陷之苦，成长过程中只对自己感兴趣，心态悲观，较为"内向"；可能，他们要求更多帮助，当发现别人对其关心不够，他们会变得多疑和充满怨恨。不过，克雷奇默也承认，还有很多人是混合类型，比如"肩宽矮阔体"的人可能也具有"分裂体"的心理特征。我们不难理解，如果肩宽矮阔体的人所处的环境给他们带来沉重负担，这类人也可能变得胆小畏缩、垂头丧气。因此我们甚至可以说，通过有经常性的打击，可以让任何天性的孩子变成"分裂体"的人。

当我们拥有足够经验，就能通过一个人大大小小的行为举止判断他的合作程度。其实人们一直在寻找这种迹象，尽管通常是无意识地寻找。因为我们需要合作，这不可避免，所以我们一直在寻找合作的迹象，来指引我们在复杂的环境中更好地生活。我们不是凭借科学的方式寻找，而是凭借直觉无意识地寻找。同理，我们还能看到，社会历史的变化发生之前，人类的头脑已经意识到社会需要调整和变化，并且为达成变化而奋发努力，然后通过行为促成变化发生。然而，如果这样改变社会的努力完全依赖于无意识的直觉，那就必然会发生错误。例如，通常人们不喜欢有明显生理缺陷的人，比如身体畸形或佝偻驼背的人，会无意识地断定他们不太适合与人合作。虽然这大多基于实际经验，但依然是个很大的错误。至今尚未完全找到提高生理缺陷患者合作能力的有效方式，因此他们的缺点被过分强调，成为大众愚昧的牺牲品。

现在，我们来稍作总结。出生后四五年内，儿童对头脑思维进行整合，确定头脑与身体的根本关系，形成固定的生活模式，并发展出与之对应的情绪反应模式和生理行为习惯。在这个发展过程中包含程度或高或低的合作，也正是合作程度的高低决定了他们对其他人的评判和理解。所有失败者最大的共同点是合作程度非常低。现在，我们可以对心理学给出进一步的定义：心理学就是研究缺乏合作的人，研究缺乏合作的事。由于头脑和身体是一个整体，每个人的生活模式贯穿始终，因此一个人的情绪和思维与生活模式保持一致。假如我们看到一个人的情绪对他的生活制造出显而易见的困难，对他的身心健康毫无益处，那么试图只改变他的情绪将会徒劳无功。因为他的情绪是他的生活模式的外在表现，他只有愿意改变生活模式，才能真正改变自己的情绪表现。

在此，个体心理学为教育和心理治疗提供了一个独特的方向：我们绝不可只针对一个人的病症行为本身或孤立的某一个行为而进行治疗，我们必须揭示这个人整个生活模式中隐含的错误，揭示他的头脑在诠释生活经历时发生的错误，揭示他的头脑所赋予的生活意义中的错误，揭示他基于身体条件和生活环境的相应行为中的错误，这是心理学的真正使命。用针刺小孩，看他跳多高；或者挠小孩痒痒，看他笑多大声，这些都不宜被称为心理学研究。这些做法在当前心理学界普遍存在，也许确实可以提供一些个人心理方面的信息，但也仅仅针对已经存在证据的生活模式才成立。生活模式才是心理学研究的真正对象，是最恰当的研究素材，也应该成为那些以生理学和生物学为主的学校的重点教学内容。对那些研究刺激反应模式、创伤经历及其后果、遗传能力及其发展的学者来说，生活模式也应成为他们研究的对象。

在个体心理学中，我们考虑的是精神本体和保持一致的头脑。我们检视人们赋予世界和自己的意义，他们的心理目标，他们努力的方向，他们解决生活难题的模式。迄今为止，我们已知的了解人类心理差异的最佳方法，就是检视一个人合作能力的高低程度。

III. Feelings of Inferiority and Superiority

第三章
自卑感与优越感

个体心理学最重要的发现之一——"自卑情结"（inferiority complex），已经驰名于世。很多心理学研究流派采纳了这个词并将其应用在他们的心理治疗实践之中。然而我并不确定他们的理解和应用是否准确。比如，直接告诉心理疾病患者他有"自卑情结"对他的治疗并没有帮助，反而会强化他们的自卑情结，而且他们依然不知道该怎么克服。我们需要做的是辨认他们的沮丧和自卑在生活模式中是如何具体表现的，并且在他们缺乏勇气的方面给予准确的激励。每位精神疾病患者都有自卑情结，不能以"是否有自卑情结"来区别他们。正确的区分方法，是辨析患者在什么情况下感到无法发挥其对社会有用的一面：患者认为自己的努力和行为被什么限制。如果我们只是对患者说"你有自卑情结"，这完全于事无补。这就和我们对一位头痛病患者说"我知道你的问题是什么，你有头痛病"是一个道理。

如果你问很多精神疾病患者是否觉得自己有自卑情结，大部分人会回答"没有"；甚至有些人会回答"恰恰相反，我非常确定我比周围的人更好"。事实上，我们不需要问这个问题，而只需要观察。我们需要观察他们用什么方法和"伎俩"确保自己的重要性。例如，如果我们观察到一个人傲慢自大，那么可以猜到他其实认为：别人可能会看不起我，所以我必须表现出自己是个大人物！再比如，如果我们观察到一个人说话时使用过多的肢体语言，那么可以猜到他其实认为：我的语言没有足够的分量，我必须用肢体语言强调。那些言行举止处处要显示自己凌驾于他人之上的人，我们可以猜测，其实正是因为他要刻意消除自己的自卑感，所以才加倍努力表现得自己高高在上。就好像一个人认为自己太矮，所以刻意踮着脚尖走路。这个现象常常出现在孩子身上，当两个孩子比身高的时候，那个生怕自己较矮的孩子会努力站直身体，想让自己显得比实际更高一点儿。假如我们问他："你是不是觉得自己太矮呀？"恐怕孩子不会承认这个事实。

因此，有强烈自卑感（feeling of inferiority）的人并非总表现得顺从、安静、拘束、谦恭。自卑感的表现方式成百上千、各不相同。也许，通过3个孩子第一次去动物园的不同表现可以说明这一点。当他们站在狮子笼前，第一个孩子浑身发抖，躲在妈妈身后说："我要回家！"第二个孩子站着不动，但脸色发白、声音颤抖地说："我一点儿也不怕！"第三个孩子则凶狠地盯着狮子，跟妈妈说："我要朝它吐口水！"显然，这3个孩子在狮子面前其实都有自卑感，但每个孩子都在用自己的方式表达害怕，他们的表达方式和他们的生活模式完全一致。

我们每个人都有不同程度的自卑感，因为我们都有自己希望改善的方面。假如，我们能一直保持勇气，就能找到直接、现实、满意的方法——改善自身环境——来克服自卑感。没有人能够长期忍受自卑感，自卑感带来的精神紧张和难受，会驱使我们采取必要的行动。然而，假设一个人十分沮丧、难以忍受自卑感并希望摆脱它，可是他却不相信尊重现实的方法能帮他改善自身环境，那么他找到的方法会毫无裨益。虽然他的目标看起来依然是"克服困难"，但不是真正的克服困难，而是自我麻痹、自我欺骗的"优越感"（feeling of superiority）。与此同时，他的自卑感越积越多，因为情形没有发生变化，问题也没有真正解决，而他的行为却在让他更加陷入自我欺骗的优越感中。结果，他的问题越来越多，给他带来越来越大的困难和巨大压力。

如果我们只看一个人的行为表面而不理解其背后的心理，观察就会无的放矢，会误以为一个人并不想改善自身和环境。然而，只要看到他和其他人一样也想让自己更好，却放弃了通过努力改善自身和环境的希望，我们就能理解他的行为了。当他觉得自己软弱，他不是调整自己，使自己变得强大、更加适应现在的环境，而是去一个让他觉得自己强大的环境。他给自己的训诫是：在自己眼中显得强大。他自欺欺人的努力只能带来部分成功。当他觉得无法应对家庭以外的问题，很可能会变成家里的暴君，以此强调自己的重要性。结果这样的方式更加自欺欺人，他心底的自卑感依然存在，原来某个情景中被激起的那个自卑感，现在成了他精神生活中持续的暗流。这样的情形，我们称之为"自卑情结"。

现在我们需要对"自卑情结"给出定义。一个人面对无法应对的问题并表现出他相信自己没有能力恰当应对，这个表现就是自卑情结。根据这个定义，我们可以了解，怒气和眼泪、道歉一样，都是自卑情结的表现。自卑感会引发精神压力，也会引发想要获得优越感的补偿行为，但这个补偿行为却不是为了真正恰当地解决问题。想要获得优越感的行为，都朝着对生活无用的方向，真正的问题被束之高阁或不再考虑。这样的人，其行为被限制住，只朝向避免失败，而不是真正的成功。他会在困难面前显得犹豫彷徨、呆滞僵化，甚至畏缩退却。

这个态度在"旷场恐惧症"患者身上表现明显。这种病症表现出的信念是："我不能走得太远，我必须待在熟悉的环境里。生活充满危险，我必须避免发生危险。"这样的态度在行为上的持续表现，就是一直待在自己的房间里或床上。

在困难面前最彻底的退缩行为就是自杀。自杀的人在生活中的所有问题面前彻底放弃，自杀是对于改善自身无计可施的行为表现。自杀行为背后想要获得优越感的手段可以被理解为指责或报复。在几乎每个自杀案例中我们都能发现，自杀者将责任归咎于他人。自杀者仿佛在说："我是所有人里最温柔、最敏感的那个，而你们却用最残忍的方式对待我！"

每位精神疾病患者都不同程度地限制自己和整体环境的接触。他们总是力图和生活的3个限制保持距离，局限在自认能掌控的环境里。仿佛是他们用这样的方式给自己建起一个狭小的牢厩，大门紧闭，终生与生活中的清风、阳光和新鲜空气隔离。他掌控的社交方式，不论是霸凌欺负还是撒娇恃宠，取决于他的经历和信念：他会选择自身经历中最有效、最能满足他心理目的的方式。有时候，如果这种方式没用，他会换另一种方式。不论哪种方式，其背后的心理目的都一样——通过不用努力改善自己和环境的方式获得优越感。如果一个孩子对自己失去信心，但发现通过流眼泪最能掌控他人，就会成为"小泪包"。"小泪包"成年后则可能直接发展为忧郁症患者。眼泪和抱怨——我将其称为"水的力量"——是对合作极具摧毁性的武器，将他人变成自己奴隶的武器。和那些总是害羞、窘迫、内疚的人一样，使用"水的力量"的人，我们很容易看到他们表面的自卑情结。他们也会毫不犹豫承认自己很软弱，照顾不了自己，然而他们深深隐藏的，是他们对极高优越感的追求以及不惜一切代价凌驾于他人之上的欲望。而总爱吹牛夸口的人，我们很容易看到他们表面的优越情结（superiority complex），然而如果我们不仅听他们的语言，也观察检视他的行为，就能很快发现他们不愿承认的自卑情结。

所谓"俄狄浦斯情结"（Oedipus complex）（心理学精神分析学派术语，现在泛指"恋母情结"——译者注），实际就是精神疾病患者给自己建起"狭小的牢厩"的例子。如果一个成年人对现实生活中的爱情充满惶恐，那么他就永远无法克服困难。如果他的活动范围总是局限在家人之间，那么我们会很自然地发现，他的性行为也会局限在这个范围之内。由于他的不安全感，他的兴趣从未扩展至其所熟悉的几个人之外，因为他害怕无法用熟悉的方式掌控他人。具有俄狄浦斯情结的人是被母亲过度宠溺的人，他们被培养和训练成相信自己的意愿理应全部得到满足，从不知道可以通过自己的努力在家庭之外赢得他人的温暖和关爱。即使到了成年，他们其实依然系在妈妈的围裙上。他们在爱情里寻找的不是平等的伙伴，而是仆人。而他们最安心信赖的仆人，就是他们的妈妈。我们可以使所有孩子心中都形成俄狄浦斯情结：只要让妈妈持续宠溺他们、不帮助他们把兴趣扩展至他人，再加上让爸爸漠不关心。

所有精神疾病患者的症状都体现出对自己行为的心理限制。例如口吃者的行为体现了其犹豫迟疑的态度。他们具有某种程度的社会兴趣，希望和同伴产生联结，然而他们的低自尊及对与他人联结的恐惧，和他们的社会兴趣发生冲突，因此他们在说话时更加迟疑。落后的学童、过了而立之年还没工作或不思嫁娶的成年男女、重复出现强迫性行为的精神疾病患者、白天筋疲力尽晚上却睡不着觉的失眠症患者都体现出自卑情结，阻碍他们真正解决生活中的难题。自慰、早泄、阳痿、性偏好障碍的人，其所体现出的自卑情结，是因接近异性时对自己"不够好"的恐惧而出现生活模式发展的停滞。很有可能，他们会同时产生对优越感的追求。假如我们问他们："你为什么对自己'不够好'这么恐惧呢？"他们很可能回答："因为我把成功的目标定得很高！"

我们前面已经说过，自卑感本身是正常的，是人类对自身环境做出改善的动力。例如，科学的产生就是因为人类意识到自己的无知，并且产生预测未来的需要。这是出于人类对自身所处整体环境进行改善的动机，也就是：对宇宙了解更多、控制更好。依我看来，我们人类的全部文化都基于自卑感。假如我们想象一位外星人造访我们的地球，他肯定会得出这样的结论："这些人类的社会结构、人际关系，和他们为安全做出的各种努力——修建房屋以遮阴避雨，制造衣物以驱寒保暖，筑桥修路以便利出行——都明显表明：他们认为自己是这个星球所有居民中最弱小的群体！"确实如此，从某种程度说，人类的确是最弱小的动物群体，我们没有狮子和大猩猩强壮，也不如很多动物天生拥有适应地球不同环境的本领。很多动物也有弱小之处，也通过群居的方式以取得平衡、获得弥补。但是相比地球上其他动物，人类需要更多样化和更深层次的合作。人类的婴儿尤其羸弱，需要多年抚育照顾才能长大成人。由于每个人都曾经是婴儿——最羸弱幼小的人类，由于人类没有合作就无法在地球上生存，因此我们可以理解，如果孩子从小没有得到关于合作的养育训练，就会不可避免地发展出根深蒂固的悲观心理和自卑情结。我们也能理解，即使是最具合作精神的人，也依然会遇到生活的挑战。没有人能够完全达到最终的优越感目标——对环境的完全掌控。我们的生命很短暂，我们的躯体很脆弱，而生活的3个限制需要我们不断寻求更好、更充分的解决方法以应对困难。我们不能对已经取得的成绩止步不前，而要持续努力奋斗。具有合作精神的人类，努力奋斗，充满希望，贡献良多，能够为环境带来真正的改善。

我相信，所有人都相信人类其实无法达到生活的最终目标。我们可以想象，如果某个人或全人类达到了最终目标——也就是生活中不再有任何困难与挑战——这样的生活肯定极度乏味。每件事都能被预料，被精确计算和控制，未来的一切都可测可控，这样我们就不会对未来满怀期望，而是感觉索然无味。我们对生活的兴趣恰恰正是来源于它的不确定。如果我们什么都知道，什么都确定，那人类就不会出现讨论和发明。科学也就到了尽头，我们所处的宇宙只不过是旧事重述而已。宗教和艺术——原本能让我们产生想象，为目标而奋斗——也会变得毫无意义。我们的幸运，正是因为生活充满未知和难题。这样，我们人类才会继续努力，不断找到或产生新问题，这正是合作和贡献的新机会。

精神疾病患者在努力初始就遇到障碍，他们总是试图用层次较低的方式解决问题，结果却使问题和困难越来越大。心理健康的人通过逐渐改善自己应对困难和新问题，找到更多更好的解决方法。长此以往，更能够为他人做出贡献，不会拖别人的后腿，不会成为别人的负担，不需要也不要求他人给予特殊照顾。他们能够有足够的勇气独立解决问题，而且解决之道与社会兴趣保持一致。

每个人追求优越的目标不同，且只属于其个人，为个人所独有。它取决于个人赋予生活的意义。这个意义不是说说而已，而是贯穿于每个人的整体生活模式中，就像自己创作的一个生活乐章。而且，每个人生活模式中的优越感目标并非显而易见、容易一眼看穿的，而通常是十分隐蔽的，需要通过种种言行迹象来猜测。理解一个人的生活模式，就像理解艺术作品、诗歌一样。诗人使用语言文字创作诗歌，然而他要表达的含义远远超过所使用的词汇。我们必须猜测其中的含义，在字里行间推敲。同理，一个人的生活模式是他最丰富深奥、错综复杂的作品，心理学家也必须学会通过一个人的言行举止内外推敲，学会解读和欣赏生活意义这件"艺术作品"。

生活模式形成于一个人生命周期最初的四五年，它不是通过精确计划形成，而是在生活中摸索得来的。就如同盲人摸象一般，对生活经历的局部，对生活的点点滴滴，通过自己的感受和解释，毫无头绪地在无意识中形成。对优越感的追求也一样，也是在不断体验、摸索、猜测、总结的过程中形成的。它是生活中的奋斗过程，是动态的努力方向，而不是像地图上静止的目的地。

没有人能完全了解并准确表述自己的优越感目标。比如，也许有的人能清晰描述自己的事业目标，但那只是他整体优越感目标的一部分而已。即使优越感目标被清晰固定下来，朝向这个目标的努力方式也千差万别。举个例子，假设一个人想成为一名内科医生。可是，对于"成为内科医生"的含义，每个人理解不同。可能对这个人来说，成为内科医生不仅意味着他要成为内科医学或病理学专家，还意味着他在行为中体现这个兴趣。我们还要观察他如何训练自己，让自己对他人有用的程度，或者限制自己为他人贡献的程度。有可能，他树立这方面目标是为了弥补他独有的自卑感，我们可以猜到这个自卑感的来源是什么。

举例来说，我们经常发现，很多医生小时候都面对过死亡，可能是兄弟姐妹或家长去世，而死亡是最能给人类带来不安全感的因素。因此，为了自己也为了他人，他们在自己的人生中会训练自己找到一条途径，以使自己在面对死亡这个难题时更感觉安全，这条途径就是成为医生。再举个例子，假设另外一个人清晰的工作目标是成为教师。我们也知道，每个人对"教师"的理解各不相同。如果一位教师的优越感目标是管束比自己更弱小的人，那么他只有和比自己更羸弱、经验更少的人相处才有安全感。而如果一位教师的优越感目标是基于社会兴趣的，是平等对待学生，他就会心甘情愿地为人类福祉做出贡献。这里需要特别强调，我们不仅能看到教师们在能力和兴趣方面的巨大差异，还能看到教师因目标不同而存在行为方面的巨大差异。

一旦确定了某个清晰的目标，人们就会随之调整自己的能力和潜力去追求相应的目标。在所有情况中，人的整体优越感目标和个人赋予生活的意义保持一致，并且人会依据个人的能力和所受限制，努力朝向自己的优越感目标努力。因此，我们对每个人都不仅要观其表，而且还要观其里。一个人实现目标的具体方式会发生改变，整体目标中的具体目标（例如职业）也会发生改变。所以我们必须寻求表象之下的整体一致性，这个一致性体现在对目标的所有具体追求方式中。就像如果我们从不同方向看一个不等边三角形。乍一看仿佛是几个不同的三角形，但如果仔细观察，就会发现其实那是同一个三角形。人的目标整体也是如此，它不会只通过一个单独的具体方式表现出来，但我们可以从一个人的言行举止的整体表现中观察到。我们不能跟一个人说："你在努力寻求优越感，所以，只要你做……（某一件事）就行了。"寻求优越感的努力方式灵活多变。事实上，一个人心智越正常、身心越健康，当他努力寻求优越感遇到障碍时，就越能够寻找其他途径和方式。只有精神疾病患者才相信达成自己的优越感目标只有非黑即白的方式：要么是，要么不是！

人们对优越感的追求，虽然很难轻易形容和描述清楚，但我们却在所有目标中找到一个共通之处——力图成为神。有时候，儿童会直接明显地表达这个追求，他们会说："我要做上帝！"很多哲学家也有同样的理念，还有很多教育工作者希望把学生教育成像神一样的人物。旧时的宗教信仰中，这样的目标也很明显：信徒竭力把自己训练得像神一样。"超人"这个概念也是"像神一样"这个目标的体现，只是换了个说法。例如，众所周知，尼采（Nietzsche）发疯以后给奥古斯特·斯特林堡（August Strindberg，1849—1912，瑞典现代文学的奠基人，世界现代戏剧之父——译者注）写信的落款是"被钉十字架者"（The Crucified，即耶稣——译者注）。心智失常的人常常毫不掩饰他们的优越感目标，他们宣称自己"我是拿破仑"或者"我是中国的皇帝"。他们希望成为全世界关注的中心，成为四海之内所有人敬仰膜拜的对象，神通广大和全宇宙联结，能预知未来，拥有所有超能力。还有一种方式也是追求"像神一样"，但较不明显，那就是希望无所不知、无所不晓，永生不朽；或通过一次次生命轮回，无数次回到人间；或预见自己在另一个世界中永生。所有这些想法都基于"像神一样"的渴望。宗教教义认为，上帝才是永生之神，超出时间之外，生命永恒。这里我并不是要讨论这些想法教义孰是孰非：它们是对生命的诠释，它们具有自己的意义；我们每个人或多或少都愿意相信这样的意义。即使是无神论者，其实也希望自己超越神的概念，比神更高一筹。我们能理解，这其实是换了个方式追求强烈的优越感。

优越感目标一旦清晰具体，对个人而言就不存在所谓"错误的生活模式"。对追求自己的优越感目标而言，每个行为习惯、言行举止都有自己的道理，无可厚非。每个问题儿童，每个精神疾病患者，每个酗酒者、罪犯、性偏好障碍者等，都朝向自己的优越感目标，做出自认为正确的行为。因此，批评和攻击他们的表面行为并没有用，他们采取的恰恰正是朝向自己目标的行为。

一个学校里有个男孩，他是班上最懒惰的学生。老师问他："你的学习怎么这么糟糕？"他回答："因为我是最懒的学生，所以你总围着我团团转。你就永远不会关注学习好的同学。反正他们功课好，又不捣乱。"只要他的目标是吸引老师的注意力、凌驾于老师之上，就总能找到各种办法。因为他需要懒惰来达到自己的目标，所以只想怎么消除他表面的懒惰行为这种努力根本无用。对他个人来说，他的行为完全说得通——傻子才会改善自己的懒惰行为。

还有个例子：有一个男孩很听话，但有点儿木讷。他在学校落后于人，在家里也笨手笨脚。哥哥比他大两岁，聪明伶俐，活泼好动，和他正好相反，但却是个冒失鬼，因为莽撞没少惹麻烦。有一天，家人无意中听到弟弟对哥哥说："我宁愿像自己现在这样笨，也不要像你那样莽撞！"如果我们从"避免麻烦"这个目标的角度思考，会发现弟弟的笨拙其实是聪明。因为他笨拙木讷，所以别人对他的期望就低，他即使犯了错也不会受到责怪。看到了这个目标，我们就能理解——傻子才会改善自己的笨拙行为。

直至今日，不论是教育领域还是医疗领域，普遍的矫正和治疗方法都是针对表面的症状行为，而个体心理学则秉持相反的方式。如果一个孩子数学成绩差或学业落后等，只关注他的分数或只竭力改善他的学习几乎完全没用。说不定，他就是用这个方式给老师找麻烦，甚至用这个方式让自己被开除以便逃避上学。即使我们帮助他改善了学习成绩，他也会找到新的方式达到自己的目标。这和成人患上精神疾病同理。例如，一个人患有偏头痛，而其实这个偏头痛对他十分有用，能在他最需要的时刻精准出现。偏头痛能让他不用解决生活中的难题，能在他需要面对结识新朋友这个难题时按时出现，也能在他需要面对做出新决定这个难题时按时出现，偏头痛还能帮他貌似有十足的理由控制和欺负办公室同事（或妻子和其他家人），我们怎么会期待他放弃这个被事实证明有效的方式呢？他的偏头痛——从他当下的角度来看——其实是个明智的投资呢，能给他带来全部预期的回报。如果我们给他一个足够令人恐惧的解释,那他表面的病症可能会被"吓跑",就像用电击术和模拟手术能"吓跑"某些精神病症状一样;或者给他开足够剂量的药物,也可能让病症行为消失,让他无法继续原来其实是自己选择的偏头痛行为。然而,只要他的目标不变,就算现在的行为消失了,他还会很快找到新行为——偏头痛被"治愈"了,他可能又会患上失眠症或其他病症。只要目标不变,他就会一直坚持。有些精神疾病患者能以惊人的速度改掉原来的病症行为,然后毫不迟疑地换成一个新行为。他们成了"表演技艺超群的精神疾病患者",不断扩展他们的节目单。连阅读心理治疗书籍,都成了他们的机会,用来学习还未尝试的精神病症行为。我们必须探索的是每个病症行为背后的心理目标以及这个心理目标和追寻优越感之间的联系。

请想象这样一个场景:我在教室里竖了一个梯子,然后爬到梯子顶端,坐在黑板最上沿。恐怕每个看到的人都会说:"阿德勒博士疯了。"因为他们不知道为什么我在教室里竖一个梯子、为什么我这么做、为什么我坐在那个奇怪的地方。然而,如果大家了解"他坐在黑板上面,是因为如果不处在最高的位置,他就会很自卑。只有俯瞰全班的时候他才有安全感",这样大家就不会认为我疯了,而会认为我找到了一个很精明的方式达到了我的目标，会认为梯子是个对我很有用的工具，会认为我爬上梯子完全是按计划进行。而人们之所以会认为我发疯了，是因为我达到优越感的具体目标——坐在最高处才有安全感——是错误的。如果有人能说服我，让我认同这个具体的优越感目标其实是个很糟糕的选择，那我才会改变自己的行为。但是，如果这个目标保持不变，就算有人把梯子拿走，我还会尝试用椅子爬高；就算有人把椅子拿走，我还会尝试跳起来或者靠肌肉攀爬。精神疾病患者也同理：他们采取的具体行动没错——对他们自己来说无可厚非。需要改善的，是他们达到优越感的具体目标。目标改变了，思考习惯和态度也会随之改变。旧的习惯和态度不再有用，与新目标匹配的习惯和态度会取而代之。

请允许我举个例子，一位 30 岁的女性因为无法交到朋友而备感焦虑，找我求助。她的工作一直是个难题，因此只能依靠家人给钱供养她。偶尔，她会找到诸如打字员或文书之类的零工，但是似乎命运不济，她的老板们总是会对她求爱，令她十分害怕，只好离职。只有一次，她的老板对她没兴趣，可她却觉得受到了轻视侮辱，结果愤而辞职。她接受心理治疗已有数年——我相信是 8 年——但这些治疗都无法帮助她交到朋友和发展谋生技能。

见面后,我追溯她一岁时的生活以了解她的生活模式。不了解童年,就无法了解一个人的成长。她是全家最小的孩子,特别漂亮,被宠到了天上。而且那时候她的父母经济条件优越,只要她开口,就会诸事顺遂。听到这个后我说:"你真是像公主一样被养大的呀!"

她回答说:"呀,真有意思,大家真的曾经叫我公主呢!"

我又请她回想童年记忆,她说:"我记得4岁时,有次到了家外面,看到很多孩子在做游戏。他们上蹿下跳地大喊:'巫婆来了!'我很害怕,就回到家里。我问一位和我们一起住的老奶奶,是不是真的有巫婆。她回答:'是,有巫婆,还有小偷、强盗,他们都会来找你!'"

从这个回忆我们能了解到,这位女士害怕一个人待在家里。她的恐惧贯穿了其整个生活:她觉得自己不够强大,不可以独自离开家,而且家里人必须在各个方面照顾她、支持她。

她还有一个童年回忆:"我有位钢琴老师,一位男士。有一天,他想要亲我。我停下来不弹了,跑去告诉了妈妈。从那以后,我不想再弹钢琴了。"

这里我们也能看到，她在自己和男性之间竖起了一堵屏障，她在两性关系方面的发展，和她要保护自己远离两性爱情的心理目标一致。她认为陷入恋爱意味着软弱。这里我需要强调：很多人坠入爱河时都会觉得软弱，从某种角度来说，这种感受完全正确。当我们恋爱时，会变得内心柔软；而且我们对另一个人的兴趣，也打开了为情所困的大门。只有那些优越感目标是"我永远不能软弱，我永远不能敞开心扉"的人，才会竭力避免因爱而生的相互依赖。这样的人训练自己远离爱情并保持一种病态的心理。我们经常会看到，如果有些人认为坠入爱河十分危险，就会以玩世不恭来应对，嘲弄、讥讽、笑话那个让他们感到危险的人，试图以此消除自己的软弱感。这位女士考虑到恋爱和婚姻时也会产生软弱感，结果造成当工作中的男性向她求爱时，她反应过激，觉得除了辞职别无选择。这其实没有必要。

她还没解决独立工作等问题时，父母双双过世，她的天地几乎坍塌。她想尽办法找到亲戚们来照顾她，然而她往昔的地位却一去不复返。过了段时间，亲戚们也逐渐对她厌倦，不再给予她所渴望的关注。她指责亲戚们不顾她的死活，不在乎让她独自一人多么可怕、危险。通过这样的手段,她避免了孤家寡人的境地,亲戚们继续照顾她。我相信,如果亲戚们决定都不再关注和照顾她,她肯定会发疯。她达到优越感目标的唯一方式,就是说服和强迫亲戚们伸出援手,避免她独自面对生活中的难题。她头脑中的信念是:"我不属于地球,只属于另外一个星球,在那里我是公主。地球上的人不理解我,不认可我的重要性。"这个信念如果再向前发展一步,就会导致她精神崩溃。不过她还有一点理智,亲戚们也还愿意照顾她,所以还没有到最糟糕的境地。

还有一个例子,我们可以从中清楚地看到自卑情结和优越情结如何体现。一位16岁的女孩被送到我这里。她从六七岁开始就偷窃,12岁开始和男孩子在外面彻夜不归。她出生在父母矛盾最激化的那段时间,因此妈妈并不欢迎这个小生命的到来,从来没喜欢过自己的女儿,母女关系一直相当紧张。两岁时,父母因个人原因离婚,离婚过程漫长而痛苦。她被妈妈带到外婆家抚养,外婆对她十分宠溺。

这位女孩子来到诊所,我对她非常友好。她告诉我:"我不喜欢偷东西,也不喜欢跟男孩子鬼混,但我要让我妈看看,她管不了我!"

我问她:"所以你这么做是为了报复?"

她回答:"我猜是吧。"

她要证明,她比母亲更强大。然而这个心理目标背后的原因,恰恰是她觉得自己软弱。她感到妈妈不喜欢她,为这个自卑情结而备感煎熬。她能想到的唯一的、能确立优越地位的方法,就是制造麻烦。通常,儿童的偷窃和其他违法行为,都是为了报复。

一位15岁的女孩失踪了8天,后来被找到。因为她的解释涉及他人可能犯罪,所以交由少年法庭处理。她说自己被一个男人绑架了,关在一个房子里整整8天,可没人相信她的话。医生跟她亲切交谈,敦促她讲出实情。可她却因为医生不相信她而恼羞成怒,甚至动手扇了医生一耳光。当和她会面时,我问她将来想做什么样的人。我力图让她觉得我对她这8天的经历没兴趣,而只对她将来的命运有兴趣,只是想帮助她。我还请她讲讲她的梦,她笑了,给我讲了一个梦境:"我在一家地下酒吧里,出去以后遇到了妈妈。然后很快爸爸也来了。我让妈妈赶紧把我藏起来,这样爸爸就看不到我了。"她很惧怕父亲,父女俩之间战争不断,父亲常常惩罚女儿。因为害怕被惩罚,所以这个女孩子经常撒谎。我们研究发现,通常孩子撒谎,是因为背后有严厉的家长。因为说实话有危险，孩子们才撒谎。另一方面，我注意到她和妈妈之间还有一点点合作的可能。后来她告诉我实情：她被人诱拐到一家地下酒吧，在那儿待了8天。而她害怕说出这件事，是由于害怕爸爸。然而同时她又希望爸爸知道整个经过，这样她就能占上风——她觉得总是屈服于爸爸，只有伤害他才能让自己取得胜利。

很多人用错误的方式获得优越感目标，但多少人能够得到真正的帮助？实际上，我们并不难认清追求优越感是所有人的共性。了解了这个共性，我们就能站在他人角度，对他们的挣扎感同身受。他们唯一的错误，就是努力的方向是对社会无用的一面。对优越感的追求，是人类努力创造背后的动力，是产生人类文化的泉源。整个人类活动都沿循这个伟大的轨迹——从低下到高大、从欠缺到富足、从失败到胜利。然而，真正能面对并解决生活难题的人，是那些向着为他人贡献方向努力的人，他们的努力能够令他人受益。如果我们用正确的方式与人接触，就会发现他们并不难被说服。最终，所有人类的价值和成功都存在于合作之中，这是人类最伟大的共通之处。我们对方式、想法、目标、行为、性格的要求，就是它们都应朝向人类的合作。我们从未见到过百分之百缺乏社会兴趣的人。连精神疾病患者和罪犯也承认这个公开的秘密——我们能看到，他们拼命为自己的生活模式寻找貌似合理的借口，把生活的责任推卸给他人，这恰恰证明他们还存有社会兴趣。只是，他们缺乏勇气采取对社会有用的方式。自卑情结对他们说："成功合作，你不可能！"他们背离生活中真正的问题，和自己创造的幻想中的问题斗争，只为了自欺欺人地证明自己强大。

不同人所扮演的角色彼此大相径庭，因此存在难以计数的具体优越感目标。正如我们所见，每个具体的心理目标都有大大小小的错误，没有完美的具体目标。可能，一个孩子的具体优越感目标是数学课成绩优异；另一个孩子的具体优越感目标是艺术水平出众；第三个孩子的具体优越感目标是强健的身体。可能，一个具有消化不良症状的孩子会认为是自己营养方面出了问题，所以开始对食物发生兴趣，相信这是改善自己处境的有效方法，于是他就有可能成为大厨或膳食专家。我们能看到，在对具体优越感目标追寻的过程中，除了真正的补偿行为，还有一些限制性思维、一些对自身有限条件的训练。基于这个理解，我们就能明白一些现象。例如，哲学家需要时不时离开日常生活,以便思考和著书立说。然而,不论具体的优越感目标是什么,只要高度贴近社会兴趣,在追寻过程中就不会出现太大的错误。毕竟,人类的合作需要许多不同的特质和能力。

Ⅳ. Early Memories

第四章
早期记忆

既然努力寻求优越感目标是全部性格的关键所在，那我们就能看到它贯穿每个人的整体生活。意识到这一点，对我们理解个人生活模式有两方面益处。第一，我们可以选择一个人生活的任何时间点开始研究，因为每个言行举止都是同一个方向——同一个动机、同一个综合表现——性格特征正是围绕它们而建立起来的。第二，我们可用来研究的素材比比皆是。每句话、每个思维、每个感觉、每个姿态，都能为研究所用。如果我们因为草率仓促而对某个言行举止做出了错误的判断，还可以用大量其他言行举止来予以核实和纠正。

如果我们不明白每个言行举止都是整体生活模式的一部分，就无法决定这些言行举止背后的意义。事实上，每个言行举止都表达同一个意义，都指向自己对生活难题的解决方向。我们就像一群考古学家那样，找到陶器碎片、古旧工具、断壁残垣、坍塌的纪念碑、古代印刷品的残页等等，从这些支离破碎的古迹中推断出已经消失的城市和彼时的生活。只是，我们现在研究的并不是已经消失的事物，而是每个个体的性格内在结构，是呈现在我们眼前、活生生的个体，并且这些个体的性格特质还在根据他们赋予生活的意义继续发展。

了解一个人绝非易事，对心理学家来说，个体心理学可能是最难学习和应用的心理学。我们在观察和倾听的时候必须关注整体；必须对自己的判断保持质疑，直到关键之处明显无疑；必须仔细收集大大小小的证据迹象——从一个人走进房间的方式、打招呼握手的方式，到微笑走路的方式等等。有时候我们当然会出现迷茫，但只要继续，后面的细节要素就会自然显示之前的判断是否准确。个体心理学心理治疗本身，就是合作的练习，也是对合作的检验。只有我们真正对他人感兴趣，我们的治疗才能成功。我们必须通过对方的眼睛观察、通过对方的耳朵聆听，同时对方也需要贡献一己之力增进相互了解。我们既要帮助对方解决困难，也要帮助对方改善心态。即使我们认为已经相当了解对方，也并不能证明我们正确——只有对方也相当了解自己，才是真正成功的治疗。不通过周全方式沟通的事实，不是全部的事实——那样的沟通只能证明我们的了解不全面、没有效果。也许正是因为这一点，其他心理学派得出所谓"负向移情和正向移情"（negative and positive transference）理论（移情，精神分析学说的专业术语，意指病人或来访者对心理医生产生的强烈的情感。它是通过催眠、自由联想法等方式，让来访者将自己过去生活中的情感投射到心理医生身上的过程。正向移情，即把心理医生当成过去喜欢的、思念、热爱的对象。负向移情，即把心理医生当成过去憎恨、敌对、厌恶的对象——译者注），但个体心理学并不赞成这样的方式。如果用娇纵放任的方式对待习惯恃宠的病人，倒是能轻而易举获得他的好感，但他要驾驭他人的欲望却会因此被掩藏。如果用轻蔑冷淡的方式，则有可能激起他的敌意，他可能会终止治疗；或者，即使继续治疗也是为了证明自己正确，让治疗师后悔道歉。不论是娇纵放任还是轻蔑冷淡，都不能真正帮助病人。我们应该对病人产生人类对伙伴应有的兴趣——最真实、最客观的兴趣。我们必须与病人形成合作关系，找到他们的错误，这样的治疗方式既对病人有益，也对他人有益。秉持这个愿景，我们永远不应冒险追寻令人兴奋的"移情"方式，不应把自己置于权威的位置，也不应将病人置于不需承担责任、依赖我们的位置。

所有的心理表述中，最具有彰显性的就是记忆。我们的记忆是一直留存的记忆，体现出我们的限制，体现出我们对生活赋予的意义。并没有"偶然记忆"，所有的记忆都是我们根据自己对环境赋予的意义，从难以计数的经历中而挑选保存的，即使很黑暗的记忆也是如此。因此，记忆代表了"个人故事"——对自己一再重复、让自己产生警觉或安慰的故事。这个故事让我们专注于自己的目标，采取过往经历中自认为有用的方法和行为来应对未来。

我们每天都能看到人们使用记忆回应情绪。如果一个人遭遇了挫折，十分沮丧，他会回忆起过往的挫折经历。如果他悲观忧郁，他的记忆也是压抑沉闷的；如果他愉快且富有勇气，他的记忆肯定不会压抑沉闷，他会回忆过往正面的经历以确认他的乐观精神。同样的道理，如果遇到挑战，他搜集的记忆会帮助他准备所需的心境，迎接这个挑战。因此，记忆和梦境的目的一样。很多人在要做出重大决定时，会做考试成功的梦。他们把决定看作考试，努力创造类似当年考试成功的心境。一个人生活中各种不同情绪背后的实质，与这个人情绪基调背后的实质一样。如果一位忧郁症患者总是回忆成功和快乐的经历，他就不会是忧郁症患者。事实上，忧郁症患者不断告诉自己"我整个生活极为不幸"，然后选择那些能够被他解读为"不幸"的经历来回忆。回忆绝不会与生活模式相反。如果一个人的优越感目标是"别人总是侮辱我"，他就会选择记住那些能被他解读为"别人侮辱了我"的经历。因此，当优越感目标发生变化，记忆也会随之发生变化；人们会回忆起不同的事件，或者对原来记住的事件做出新的解释。

早期记忆极为重要。首先，它用最简单的方式展示个人生活模式的起初和根源。我们可以通过早期记忆判断一个孩子是被娇宠还是被忽视；成年人培养他与人合作的程度怎样；他遇到的挑战是什么，以及他如何应对。

例如，患有视力障碍但努力训练试图让自己看清楚的孩子，他们的早期记忆大多和视觉有关，可能是这样开始的："我看四周……"或者他们会描述很多与形状、颜色有关的记忆。如果一个孩子行动有障碍，但希望自己能跑能跳，也会在记忆中显示这方面的兴趣。早期记忆中的主要事件，通常和个人生活兴趣十分贴近；如果我们了解一个人的兴趣，就能了解这个人的生活目标和生活模式。这个事实使早期记忆在心理辅导工作中很有价值。我们还能在早期记忆中了解到孩子与母亲、父亲以及其他家庭成员的关系。记忆是否精准并没有太大关系，重要的是记忆所代表的个人意义和主观判断，例如"小时候，我是这样或那样的人"，或者"小时候，我发现世界是这样或那样的"。

所有记忆中最富有启发意义的，是一个人如何开始讲述他的故事，如何回忆他最早的事件。最早的记忆构建了一个人生活观的基础,也是其生活态度的清晰体现。这给我们提供了机会,观察他人生发展的起点是什么。我从不会不询问早期记忆就开始探索个性。有时候,有的人不回答,有的人记不起来哪件事先发生,然而这个现象本身已经揭示了一些东西。我们可以推测,他不愿意讨论最根本的意义,还没准备好合作。通常,人们愿意谈论早期记忆。对他们来说,那些记忆只是发生过的事实,他们并没有意识到隐藏其中的意义,几乎没有人了解自己早期记忆的意义。事实上,大部分人的生活目的、与他人的关系、世界观等,都能通过早期记忆自然真实地呈现出来。早期记忆的另一个意义,是它具有简单和浓缩的特点,得以让我们进行更深层的研究。我们可以让学校的学生们写下他们的早期记忆;然后,通过正确的解读方式,我们对每位学生的了解将会很有价值。

为了更清楚地说明,请允许我举几个早期记忆的例子并加以解释。除了他们写下的早期记忆的文字,我们对这几个人没有其他了解,连他们是成人还是孩子也不知道。我们对这些早期记忆中蕴含的意义进行解释——还需通过他们性格的其他方面核实我们的解释——但我们可用这样的方式训练自己解释早期记忆,提高猜测技能,学会比较不同的记忆。尤其是，我们能看到不同的人如何训练自己：是趋向合作还是反对合作，是具备勇气还是胆怯气馁，是渴望依赖他人照顾还是坚持自律自立，是愿意付出还是只求索取。

（一）"因为我妹妹……"

留意早期记忆中涉及的其他人，这一点十分重要。这里出现了"妹妹"，我们可以肯定，叙述者坚信自己受到了妹妹的影响，相信自己的发展被笼罩在妹妹的阴影之中。通常，手足之争使他们仿佛处于竞赛之中。我们能理解，这样的竞争会给儿童的发展带来困难。和通过友谊激发合作的孩子相比，总是处在竞争状态的孩子很难发展对他人的兴趣。

然而，现在对这位叙述者下这样的结论可能为时尚早，也许他和妹妹是好朋友，所以需要通过后面的细节核实。

"因为我和妹妹是家里最小的孩子，所以直到她到了上学年龄，我才被允许和她一起去上学。"现在，手足之争已经明显：妹妹拖了我的后腿！她比我小，可我却要等她！如果这是这个人赋予早期记忆的意义，我们则可以判断，这位女士（或男士）认为："我生活中最大的负面因素来自别人对我的限制，这限制阻碍我的自由发展。"可能叙述者是位女士，因为看起来男孩子不太可能要等妹妹到了入学年龄才能一起去上学。

"结果，我们同一天上学。"从这位女士的立场出发，这可不是最好的教育，可能会给她留下的印象是：因为她年长，所以被迫落后。几乎在她所有的情况中，我们都能看到这样的解释和信念。她认为自己只是妹妹的附属品，因自己受到忽视而指责他人——有可能是她们的母亲。如果她倾向和父亲关系更好，努力让自己成为父亲的最爱，我们也不必惊讶。

"我清楚地记得，上学第一天，我妈妈跟所有人说她多么寂寞。她说：'我好多次跑到大门外面，去看她们回来了没有。我担心她们不会回来了。'"这是这位女士对她妈妈的描述，这个描述显示妈妈的行为不怎么理智，而这正是她对妈妈的看法。很显然，妈妈十分疼爱自己的女儿，她说："我担心她们不会回来了。"而且女儿们也知道妈妈对她们的疼爱；然而，妈妈也很紧张、焦虑。如果我们问这个女士，她可能会告诉我们，妈妈更疼爱妹妹——我们也不必吃惊，因为最小的孩子通常会得到父母偏爱。

通过这个早期记忆的全部描述，我可以得出结论：这位女士，姐妹俩中年长的那位，认为自己被妹妹拖了后腿。我们也能在她的成年生活中看到她对竞争对手的嫉妒和恐惧；如果她不喜欢比自己年轻的女性，我们也不会感到惊讶。很多人一辈子都觉得自己很老。很多易嫉妒的女性在面对比自己年轻的同性时都会感到不安。

（二）"我最早的记忆是祖父的葬礼，那一年我3岁。"

这是一位女孩子写的。她对死亡的印象非常深刻。这意味着什么呢？意味着她将死亡视作生活中最大的不安、最大的危险。她从这个童年经历中得出的结论是："祖父会死。"我们还能猜测到，祖父很喜欢和宠爱她。隔辈亲是普遍现象，和父母相比，祖父祖母的责任相对更少，而且渴望孙子孙女依赖他们，因为那可以证明他们仍能获得其他人的钟爱。我们的文化不容易帮助老年人相信自己仍有价值，所以有时候长辈们用简单粗暴的方式证明自己的价值，比如发牢骚。这里，我们不难推断，这个女孩小时候祖父特别宠溺她，并给她留下深刻记忆。祖父去世，她觉得受到了巨大的打击，仿佛她的一位仆人、一位盟友被带走了。

这个女孩子还描述道："我清晰地记得他躺在棺材里的样子，又僵硬又苍白。"我不确定让一个3岁的孩子看到一具遗体是否是明智之举，家里的成年人至少应该提前让孩子做好心理准备。很多孩子都和我说过他们看到的死人的模样，这样的记忆难以抹去，这个女孩也是如此。这些孩子竭力想要忘掉或抹去对死亡的恐惧。他们的志愿常常是成为医生，认为医生会接受专业训练，所以比普通人更能战胜死亡。如果一位医生谈起自己的早期记忆，通常会是关于死亡的。这个女孩子所说的"我清楚地记得他躺在棺材里的样子，又僵硬又苍白"——这是画面感很强的记忆。可能她是视觉型人，喜欢观察。

"然后我们到了墓地。棺材慢慢落下，放进墓穴。我记得绳子从棺材下面被拉出来。"再一次，她讲述了画面，证实了我们所认为的她是视觉型人的猜测。"看起来这个经历给我留下的恐惧很深，我害怕所有其他亲朋好友到另一个世界去。"我们再次看到死亡给她留下的深刻印象。

如果我有机会和她交谈，应该会问她："你以后想从事什么职业？"她很可能会回答："医生。"如果她不知道或避而不谈，那我会试探地询问："你愿意成为医生或护士吗？"当她用"另一个世界"这个字眼时，我们可以看到这是她对死亡恐惧的补偿行为。从她的整体描述中我们能够得知：祖父对她很好，她是视觉型人，死亡在她的头脑中扮演重要角色,她从生活中得出的结论是:"我们都会死。"

人当然会死,但并不是每个人都对这个事实关注如此之多。生活中还有很多其他事需要我们关注。

(三)"我3岁的时候,爸爸……"

记叙一开始"爸爸"就出现了。我们可以猜到这个女孩子对爸爸的兴趣胜于对妈妈的兴趣。通常,对父亲产生兴趣是儿童发展的第二阶段。出生后的前一两年里,孩子和母亲的关系更加紧密,需要母亲,依赖母亲,生理和心理发展都与母亲密切相关。如果孩子的兴趣转向了父亲,那么这可能是母亲的失败,因为这说明孩子对家庭环境有所不满。通常更小的孩子出生,年长的孩子会将兴趣转向父亲。如果接下来的记叙里提到弟弟妹妹,便能证实我们这个猜测。

"爸爸给我们买了一对小马驹。"家里有不止一个孩子,那么我们需要关注另一个孩子的情况。"他牵着缰绳把它们领回家。我姐姐,比我大3岁……"我们需要修正前面的推测,我们以为这个女孩子是姐姐,但她其实是妹妹。可能她的姐姐更深得妈妈的喜爱,所以她提到的是爸爸以及爸爸送的礼物——小马。

"姐姐接过一匹马的缰绳,牵着她的马,骄傲地走着。"这是姐姐的胜利。"而我的马想要追赶姐姐那匹马,跑得太快了。"——这是姐姐领先带来的后果。"它把我脸朝地拖倒,拖着我跑。本来我以为这会是次愉快精彩的经历,结果却以受到羞辱收场。"我们可以看到:姐姐胜利了,占了上风。我们据此可以肯定这个女孩的意思是:如果我不小心,姐姐就会赢,我会被打败,会跌倒在地,获得安全的唯一方式是领先。我们还能理解,姐姐在母女关系方面也胜利了,这就是妹妹转向爸爸的原因。

"后来我的骑马技术超过了姐姐,但这个事实却不能抚平那次失败带来的遗憾。"现在,我们的猜测都得到了证实,能看到两姐妹之间多年的竞争。妹妹感到:"我总落后,必须竭力领先,必须超越他人。"我已经描述过,这种类型的个性在年纪较小的孩子或者排行较小者身上很常见,他们会给自己树立一个竞争对象,然后竭尽全力赶超对方。这个女孩子的记忆印证了她的生活态度,她仿佛在说:"如果有人超过我,我会觉得危险。我必须领先。"

(四)"我的早期记忆是被我最大的姐姐带去参加聚会和其他社交场合。她比我大 18 岁。"

在这个女孩子的记忆中,她是社会的一部分;可能我们会在这个女孩子的记忆中看到更高程度的合作。比她年长18岁的姐姐承担了一些母亲的角色，可能是家里最宠溺她的人；而且看起来，姐姐通过相当聪慧的方式，将这个女孩子的兴趣扩展至他人身上。

"因为我出生前，姐姐是家里5个孩子中唯一的女孩，所以她自然喜欢带着我四处炫耀。"现在看来，情况不是我们前面想象的那么好。把一个孩子当作"炫耀"的资本，那她的兴趣就会是被人喜欢，而不是做出贡献。"所以小时候，姐姐经常带我出去。我只记得在那些聚会上，姐姐经常催我说'告诉这位女士你的名字'之类的话。"这是错误的教育方式——如果这个女孩子有口吃或者语言障碍，我们不必惊讶。孩子的口吃，通常是因为周围人对他们说话这件事太过关注，结果说话不是自然轻松的沟通，而变成了一件令人局促不安、期待得到他人认可的事情。

"我还记得我什么都不说，回到家以后，不可避免被姐姐训斥，结果我很讨厌出去，很讨厌接触陌生人。"现在，我们前面的推断需要全部修正。这里我们能够看出，她早期记忆背后的意义是："对于自己被带出去接触陌生人，我很不喜欢。因为这些经历，我从此讨厌与人合作。"

因此我们还能得出结论：她现在仍然不喜欢与人交往。我们很可能发现，这个女孩子容易尴尬和局促不安，相信与他人交往就是要表现自己，而这对她来说是十分沉重的。她所接受的培养，让她无法和他人平等轻松地相处。

（五）"我童年的一件大事是，4岁的时候，曾祖母来我家了。"

我们通常看到的是祖辈溺爱孙辈，而曾祖母如何对待曾孙辈，我们没有经验。

"她在我家的时候，我们要拍一张四世同堂的合影。"这个女孩对家庭门第辈分的兴趣浓厚，对曾祖母来访和家庭合影记忆深刻。据此，我们可以推断她和家庭密不可分。如果我们猜想正确的话，应该可以发现她的兴趣仅仅局限在家庭之内。

"我清楚地记得，我们全家开车到另一个镇子。到了照相馆以后，我换上一件白色绣花的裙子。"可能这个女孩是视觉型人。"拍四世同堂的照片之前，先给我和弟弟拍照。"再一次，我们看到她对家庭的兴趣。弟弟也是家庭成员之一，我们可能还会看到更多她和弟弟的细节。"大人把弟弟放在一个扶手椅上，给了他一个鲜红色的球，让他拿着。"我们再次看到她的视觉记忆细节。"我站在椅子旁边,手里什么也没有。"现在,我们能看到这个女孩力争的主要目标。她告诉自己,家人更喜欢弟弟。我们可以猜到,弟弟出生后夺走了原本属于她的最受宠爱的位置,她对此十分不悦。

"大人让我们微笑,可我觉得没什么值得笑的。他们把弟弟放在宝座上,还给了他一个鲜红颜色的球。他们给了我什么?"

"然后,我们拍四世同堂的照片。除了我以外,每个人都显出最好的样子,但我就是不笑。"她对家庭表现出明显的抗议,因为觉得家人对她不够好。这个早期记忆里,家人对她不好的细节她记得很清楚。"大人让弟弟笑的时候,他笑得很甜,特别可爱。直到现在,我还是很讨厌拍照片。"

这个回忆让我们领悟到大多数人对待生活的方式:使用一个记忆,为一生的行为辩护。人们从记忆里得出自己的结论,然后把这个结论当成事实。显然,这个女孩拍四世同堂合影的经历令她很不愉快,然后她一直不喜欢拍照片。我们常常发现类似的心理现象:如果一个人不喜欢某事,就会从自己的经历中挑选那些符合自己所解释原因的记忆。这个记忆能够让我们看到这个女孩的两个特点：第一，她是视觉型人；第二，她和家庭紧密联结。她的整个早期记忆都在家庭圈子里，因此很可能她对社交生活不太适应。

（六）"我的早期记忆，如果没记错的话，是我三岁半的时候发生的一件事。一个给我父母工作的女孩子把我和表弟带到地窖里，给我们尝了一些苹果酒。我们很喜欢。"

探索地窖里的苹果酒，这个经历很有意思，像是探险。如果我们必须在这里下结论，可以做出两个猜测：可能这个女孩喜欢探索新环境，有勇气面对生活中的未知；也有可能，她的意思是更强大、更厉害的人会引诱她误入歧途。她记忆的其他部分能帮助我们验证哪个推断结论是正确的。

"后来，我们决定多尝尝，于是自己又倒了一些。"这是个胆大的女孩，想要独立自主。

"过了一会儿，我的腿不听使唤了，走不了路。苹果酒都洒在了地上，地窖里到处湿漉漉的。"哈，一位禁酒主义者就这样养成了。

"我不知道这件事跟我从此不喜欢苹果酒和含酒精饮料有没有关系。"又是用一个记忆为一生行为辩护的例子。

如果我们基于常识进行理智的思考,并不能断定这个经历必然导致她所说的人生结论。但是这个女孩(无意识地)将这个经历作为她不喜欢酒精饮料的原因,可能她明白了要从错误中学习,可能她十分独立,勇于改过并从中学习。这个性格特征也许体现在她全部的生活中,她仿佛在说:"我会犯错,但当我看到自己犯错,就会纠正自己。"如果是这样的话,她是良好性格的典范:积极主动,充满勇气,努力改善自己的处境,总是在寻找更好的生活模式。

以上这些例子,我们只是在训练自己的猜测推断技能。在确定自己的推断正确之前,我们需要看到更多的个性表现。现在,我们举几个完整的例子来练习观察性格整体如何体现在各个不同方面。

一位35岁患有神经焦虑症(anxiety neurosis)的男士来找我。他只有离开家才会焦虑。时不时地,他会找到工作,但一坐在办公室里,他就会长吁短叹、难受不已,只有晚上回到家、回到母亲身边才恢复正常。我询问他的早期记忆,他说:"我记得4岁的时候,坐在家里的窗户边,看着外面的街道,觉得外面那些工作的人很有趣。"他想看别人工作,但只想坐着看。

如果想要改变他的情况,只有帮助他挣脱"无法与他人在工作中合作"的信念。目前,他相信维持生活的唯一方式是依靠他人。我们不能只责备他不努力,那毫无用处;也不能通过药物或手术来改变他的全部信念;而可以帮他找到感兴趣的工作,这个方法相对容易。我们发现他眼睛近视很严重,可没想到因为这个障碍,他反而对视觉关注得更多。出现职业挑战时,他更愿意"继续看"而不是"工作",但这两者并不冲突。治愈后,他找到了和兴趣相关的工作,开了家画廊。通过这样的方式,他在社会分工中贡献了自己的力量。

一位32岁的男士来到诊所,他患有癔症性失语症(hysterical aphasia)。他只能用悄声耳语的方式说话,这个症状已经持续两年了。起因是他踩到了一块香蕉皮后摔倒,撞在了一辆出租车的玻璃上。然后他呕吐了两天,之后出现偏头痛。他8个星期无法讲话,为此将出租车司机告上法庭,现在仍然尚未结案。他有脑震荡确凿无疑,但他的喉咙没有任何病变,脑震荡根本不足以引发失语。可他将整起事件都归咎于出租车司机,要求出租车公司给予赔偿。我们于是能想到,如果他出现生理机能丧失,那么在案件中会占据优势。虽然我们不必判定他撒谎,但至少可以看到大声说话对他没有好处。也许他真被这件事震惊到无法讲话，与此同时，他也不觉得需要改变这个结果。

这位病人专门看了喉科医生，医生没有检查出有何异常。当我问起他的早期记忆，他说："我躺在摇篮里，脸朝上。我记得看到摇篮挂钩掉了，摇篮掉在地上，我受了伤。"

虽然没人喜欢从高处掉下来或摔跤，但这位男士却格外强调这种事情，格外强调摔倒的危险——这是他最主要的兴趣所在。"我掉下来，门开了，妈妈冲进来，吓坏了。"掉下来这件事让他得到了妈妈的关注；而且这个记忆还是对妈妈责备——"她没有把我照顾好。"与此同理，出租车司机和出租车公司也因此受到牵连而被起诉。这就是一个被宠坏的孩子的生活模式：他要让别人承担责任。

他的下个记忆如出一辙："5岁的时候，我从20英尺高（大约6米——译者注）的地方摔下来，被压在一块很重的板子下面。四五分钟之内，我都说不出话。"

这个人对失语很拿手。他训练自己掌握失语这个能力，并把摔倒作为失语的原因。我们不认可这个原因，但他认可，并且在这方面经验丰富。即使到现在，如果不小心摔倒，他仍会自动失语。只有意识到这是个错误信念——摔倒和失语之间没有必然联系，更没必要在遭遇一次意外后失语长达两年——他才能痊愈。但是，他的记忆告诉我们，他之所以难以意识到自己信念的错误，是因为当初"妈妈跑出来，紧张极了"。两次摔下来的经历都吓到了妈妈，他因此得到了她的关注。他是个总想被宠溺的孩子，是个想要成为人们关注中心的孩子。我们现在能理解他为什么要通过这次意外得到赔偿。如果类似的意外发生在其他想要得到宠溺的孩子身上，可能他们也会采取类似的行为，只不过表现出来的行为不是失语而已。失语是我们这位患者的特征行为，是他依据自己的经历建立起来的生活模式。

一位26岁的男士找到我，抱怨说找不到令他满意的职业。8年前，他的父亲安排他从事金融经纪人的工作，但他并不喜欢这个行业，最近辞了职。虽然他尝试寻找新工作，但总是失败。而且他还受到失眠的困扰，时常有自杀的念头。辞职之后，他只身前往另一个城市，找到了一个工作。但没过多久他收到了一封家信，说妈妈生病了，于是回来与家人同住。

从这段经历中，我们可以猜测：他的母亲很宠溺他，而父亲则以强权对待他。我们能看出，他一生都在反抗父亲的严厉。当被问到在家里的位置时，他告诉我们他是家里的老幺，也是唯一的男孩，上面还有两个姐姐。大姐总是使唤、命令他，二姐也相差无几。他说父亲总是唠叨、总是指责他，全家人（除了母亲）都想控制他，只有母亲是他唯一的朋友。

他到了14岁才上学，然后父亲把他送到一所农业学校，因为父亲计划购置一个农场，这样他毕业后就可以在农场帮忙。他的学习很好，但他决心不当农夫。最后还是父亲在证券交易所给他谋得了一份经纪人的工作。他不喜欢这个工作，但依然忍受长达8年之久，真让人吃惊。而他解释说，这都是为了妈妈。

孩提时代，他懒散、胆小、怕黑，害怕一个人待着。通常，我们能在懒散孩子的背后，看到替他们收拾整理的成年人。在害怕孤单的孩子背后，也能看到轻易给予孩子关注和宽慰的成年人。这个年轻人背后是妈妈。对他来说，交到知心朋友很不容易，但和陌生人交往还算轻松。他从没恋爱过，对恋爱也没兴趣，不打算结婚。他认为自己父母的婚姻并不美满幸福，这个信念能够帮助我们理解他为什么排斥婚姻。

父亲给他施加压力，希望他回归经纪人的工作。而他很想从事广告业，但认定家里不会给他资金支持。从以上每个点我们都能看到他对父亲的反抗。他从未想过，在他从事经纪人工作的 8 年里，他已经自给自足了，完全可以用自己的钱学习广告业务。因此，其实是他用学习广告这个想法反抗父亲的计划，让父亲就范。

他的早期记忆明显体现出被宠溺孩子对严厉父亲的反抗。他记得曾经在父亲经营的餐厅里打工。他喜欢洗盘子，改动了餐桌上盘子的布置方式。他的改动触怒了父亲，父亲当着客人的面扇了他一耳光。他用这个经历证明父亲是自己的敌人，他要用一生和他战斗。其实他并没有真正工作的意愿，只要能伤害父亲，就算不工作也没关系。

另外，他想要自杀的念头也很容易理解。每个自杀行为都是谴责。他的自杀念头其实是说："我的父亲应该后悔。"他对工作的不满也是针对他父亲的。父亲计划的，儿子都反对。然而同时他又是个被宠坏的孩子，无法独立开创事业。他并不是真的想工作，只想游戏人生。他只和母亲保留了一些合作关系。

那么，他和父亲之间的战争与他的失眠有什么关系呢？如果前一晚失眠，第二天他自然没有足够精力工作。父亲在等着儿子工作，可是儿子疲倦不堪，无法工作。当然，他完全可以直接跟父亲说："我不想工作，你强迫不了我。"可他需要顾虑母亲和家里糟糕的经济状况,如果直接明确拒绝工作,家里人就会认为他无药可救,不支持他。他必须有个合理的原因,结果找到了这个貌似无可挑剔的不幸——失眠。

开始,他说他从不做梦;后来他又说最近常常重复同一个梦,梦里有个人不断把一个球掷向一堵墙,而球总是弹开。

这个梦显得平淡无奇。我们能在梦境和他的生活模式之间找到联系吗?我们问他:"然后发生了什么?球弹开以后你的感觉是什么?"

他告诉我们:"每次球一弹开,我就醒了。"

这时,他揭示了失眠背后的真正目标:他用这个梦把自己叫醒,不再睡觉。在他的想象中,每个人都推着他往前走,强迫他做他不想做的事情,他就像梦里那个被掷向墙壁的球。他从这梦中醒过来,不再睡觉。自然而然,第二天就会疲倦不堪。父亲期待他工作,可他却无法工作,父亲就更难受更生气。就是通过这样的循环,他击败了父亲。如果我们从父子战争的角度观察,就会发现他找到失眠这个武器,实在相当聪明。然而,他的生活模式既不令他人满意,也不令自己满意。因此,我们必须帮助他改变。

我把上述梦境的解释讲给他以后，他就不再做这个梦了。但他说夜里还是时不时醒过来。由于梦境的目的被揭示，他失去了继续这个梦的勇气。但他还是用"时不时醒来"让自己第二天疲惫。我们可以怎么帮他呢？唯一可能的解决办法就是帮助他和父亲和解。到现在为止，他的所作所为都是为惹恼和打败父亲，这样下去情况不可能好转。

我开始——也必须用这样的方式开始——认可患者的态度有一定道理。"看起来你的父亲确实是错误的，"我对他说，"总想用权威压制和控制你，这太不明智了。也许他也有问题，应该接受心理治疗。但你能做什么改变他呢？你不能期待改变他。就好比天在下雨，你需要打开雨伞或者叫出租车，指责下雨或想要反抗都毫无用处。现在你反抗父亲，就好比反抗下雨。当然你相信你有足够的力量，相信自己可以占据上风。但是，被你的'胜利'伤害最深的却是你自己。"我向他指出他所作所为之中的整体连贯性——他对职业的不满、自杀的念头、离开家去另一个城市、失眠，这一切行为都是他通过惩罚自己来惩罚父亲。

我还给了他一个建议："今晚你睡觉前，刻意想象时不时让自己醒过来，这样明天会很疲惫。刻意想象明天你疲惫得无法工作，你的父亲暴跳如雷。"这个建议是要让他直面事实——他要惹恼和打败父亲的事实。如果我们无法制止这场父子战争，那么心理治疗就没有效果。我们都看得出来，他是个被宠坏的孩子，现在他自己也要看到。

这个案例和所谓的"俄狄浦斯情结"看起来有类似之处：这个年轻人一心要打败父亲，同时与母亲保持关系紧密。但这个案例与性因素无关，而是因为母亲宠坏了他，而父亲完全没有同理心。折磨他的是他所受的错误培养和训练，以及对自己家庭位置的错误解释。他想要打败父亲的信念，并不是来自家庭遗传因素，也不是来源于那种原始人要打败部落首领的本能，而是来源于他根据生活经历做出的错误解释。只要有同样宠溺孩子的妈妈、同样严厉的爸爸，每个孩子都可能形成类似的信念。如果孩子一直反抗自己的父亲，同时又不能独立解决生活中的难题，就会很容易形成同样的生活模式。

V. Dreams

第五章
梦

每个人都做梦，但理解自己梦境的人却寥寥无几，这个表述可能会令很多人吃惊。做梦是极为常见的人类头脑活动，人类对梦境背后的意义一直感到困惑好奇。很多人认为梦境意义非凡，奥妙无穷，意义深远。人类早期我们就能看到这样的兴趣和解释，然而，纵观整个人类历史，我们尚不了解做梦究竟是怎么回事，甚至不了解为什么做梦。据我所知，迄今只有两种梦境解析的理论比较全面和科学。在理解和解析梦境方面，这两个学派分别是弗洛伊德精神分析学派和个体心理学派。而这两种理论学派，可能只有个体心理学宣称他们的解析完全符合常识。

虽然以往对梦的研究缺乏科学性，但依然有其价值。这些研究至少表明了人类对梦的思考和心态。既然做梦是头脑具有创造性的活动之一，如果我们能发现人类对梦的期待是什么，就能较清楚地解释梦的目的。我们研究伊始便发现一个明显的现象：人们认为"梦境能预测未来"是不争的事实。人们还认为，灵性大师、神灵或先祖会在梦里进入做梦者的头脑，并产生影响。遇到困境时，人们期冀借助梦境指点迷津。古代的解梦书籍详细解释梦境如何预示和影响人们未来的命运。远古的人们从梦里寻找预言和征兆，古希腊人和古埃及人去庙里参拜，希望得到圣灵梦境指引生活，还认为梦可以缓解身体和精神疾病的痛苦；美洲印第安人通过斋戒、禁食、汗浴和其他（甚至痛苦的）仪式引发做梦，然后对梦境进行解释，并以这些解释作为行为规范和指引。《圣经·旧约》中，梦境总是揭示未来。时至今日，仍然有人宣称他们的梦后来变成了现实。他们相信，在梦里他们能够未卜先知，这样或那样进入未来，展示将要发生的事情。

从科学角度来看，上面的方式和观点荒唐无稽。从致力于解析梦境意义开始，我就很清楚：相比清醒并能自主支配身体的人来说，做梦的人对未来的预知能力其实更差。很明显，和清醒的正常思维相比，梦境并非更加理智和有预见性，反而更加模糊和令人困惑。但我们依然需要思考亘古以来人们相信梦境能通过某种方式预测未来的观念，也许我们会发现，从某种角度来看，这样的观念也有可取之处，也许能给我们提供一直被忽视的关键所在。我们已经看到，人类认为梦境能够针对困境给陷入困境的人指点迷津。因此我们可以大致得出结论：做梦的个体想要通过梦境寻求未来的方向和困难解决方法。这和梦境能够预测未来完全不是一回事。我们需要进一步探究做梦的个体想要寻求什么样的解决方法，以及通过什么方式得到。很清楚的一点是，相比基于理智常识和考虑整体环境得到的解决方法，梦中的解决方法更加糟糕。这样我们可以说，希望在梦里解决问题其实就是希望睡着觉解决问题。

在弗洛伊德学派的观点中，我们看到很多试图通过科学方式解析梦境的努力。然而，弗洛伊德学派在某些方面对梦的解析却在科学之外。例如，弗氏理论认为，大脑在白天清醒的状态和晚上睡眠的状态之间存在某种隔阂；"意识"和"潜意识"两者对立；对白日思维的解释，不适用于解释梦境思维。看到这样的对立理论时，我们可以得出一个结论：这是有关大脑的不科学的理论。同样，原始人和古代哲学家们也把不同概念置于强烈对比、相互对立关系之中。这样黑白对立的态度，更明显地体现在精神疾病患者身上。他们通常相信左右对立、男女对立、冷热对立、强弱对立。然而，从科学客观的角度看，它们只是不同，并不对立；只是体现了同一个衡量标准下的不同程度。与之同理，好与坏、正常与怪异，并非对立，只是不同。因此，任何把睡着与醒来、梦境思维与清醒思维置于对立面的理论，都是不科学的理论。

弗洛伊德学派理论的另一个不科学之处，是将梦境归结于与性有关。如前所述，这也是将梦境与人类日常生活行为对立起来。如果这个观点成立,那就是说梦境表达的不是做梦者的全部个性,而只是部分个性。弗洛伊德学派也发现,仅用性来解释梦境显然不足够完满,因此他们还认为,人们的梦境是潜意识里求死的欲望。也许这个观点也有可取之处,我们已经观察到人们常期冀在梦境中找到很轻易解决问题的方法,而这一点恰恰反映了勇气的丧失。另外,弗洛伊德学派的理论的名词太晦涩难懂,根本无法让人了解梦境如何体现全部个性。因此我再次强调:这是将梦境与清醒分离对立。然而,弗洛伊德学派的理论也给我们很多有趣、有价值的线索,十分有用。例如,弗洛伊德学派理论认为,重要的不是梦境本身,而是人们对梦境的思考。个体心理学也得出类似的结论。弗洛伊德精神分析学理论缺失的,正是个体心理学派强调的首要重点——在一个人的所有言行(包括梦境)中,辨析这个个体个性的整体性和连贯性。

弗洛伊德学派解析梦境时的核心问题是:"梦的目的是什么?""人类为什么做梦?"回答是:"为了满足个体未满足的欲望。"这也体现了这个学派缺失前述的首要重点,因为这个回答并不能解释一切。如果梦境模糊,或者做梦者忘记或不明白自己的梦,那梦境如何满足做梦者未满足的欲望？所有人都做梦，然而极少有人明白自己的梦，那他们如何通过梦境得到满足？有一种观点认为，如果梦境与清醒生活无关，与清醒生活分离对立，就能够独立给人提供令其感到满足的梦的内容，如果这个理论真的成立，也许我们就能够理解梦境能给做梦者带来满足。可这样一来，却丧失了个体的整体性和连贯性。当这个人清醒时，梦境则没有任何意义。

科学客观地看，一个人做梦时和清醒时，都是同一个人，因此梦境的意义也必然与这个人的整体个性保持一致。只有在一类人身上，我们可以看到"梦境是为了满足未满足的欲望"这个理论和这个人整体性格的一致性。这类人就是那些被宠坏的孩子，就是那些总在想"我怎么能被满足，我能从生活中得到什么"的人。这样的人会在梦里寻求满足，其实和他在日常生活中的情形同理。事实也确实如此，如果我们对弗洛伊德理论研究得更深，就会发现这是被宠坏孩子的心理学，因为他们认为自己的本能欲望绝对不能被忽视，认为其他人的存在没有必要，他们总爱问的是"我凭什么应当爱我的邻舍，我的邻舍爱我吗"。精神分析学派理论以被宠坏的孩子的心理为前提，并且在这方面进行了大量的精细分析。然而，寻求满足只是优越感千万种不同体现之一而已，我们不能将此作为一个人个性不同表现方式的核心。我们需要揭示梦境的心理目的；更进一步，我们还能揭示忘记梦境和不理解梦境的心理目的。

大概是在 25 年前，我开始研究梦的意义，揭示梦境的目的是摆在我面前最令人困扰的课题。我能看到做梦和清醒并不相互对立，就像其他所有言行举止一样，梦境也和整体性格一致。如果白天的行为是为了追求某个优越目标，那么晚上的梦也朝向同样的目标。每个人的梦其实都是为了达到这个目标，在梦里也为这个优越感目标而努力。梦境肯定是生活模式的产物，其目的也肯定是强化相应的生活模式。

有一个思考对于清晰探寻梦的目的起到关键作用。我们晚上做梦，通常早上醒来后就忘了，好像什么都没留下。真的是这样吗？真的什么都没留下吗？事实上，留下的是梦境引发的感觉。梦中的情景已经消失，我们也不理解梦境的含义，只有梦境引发的感觉还留在心里。那么，梦的目的必然存在于梦引发的感觉之中。梦境只是引发感觉的方法和途径而已。梦的目标是其留下的感觉。

一个人产生的感觉和他的生活模式永远一致。梦境思维和清醒思维并非绝对对立，两者没有绝对的分界线。简单地说，两者之间的差异是，梦境与现实生活的真实联系更少，但并不是完全脱离现实生活。我们睡觉时仍与现实生活保持联系。如果白天有问题困扰我们，晚上梦里可能依旧被困扰。例如，我们即使睡着了，换姿势时也极少会掉下床，这个事实证明我们睡眠时仍与现实生活保持联系。母亲能在最嘈杂的环境里安然入睡，但只要孩子稍有声响就会立刻醒来。这也证明即使我们睡眠时仍与外在世界保持接触。只是，睡着以后我们的感官知觉虽然没有完全丧失，但敏感性却大大降低，与现实生活的联系也大大减弱。另外，睡着以后我们只是自己一个人，没有与他人的接触，社会性的要求不再迫切。我们在梦里不需要严谨客观地考虑实际的周围环境。

生活顺畅轻松、问题都有解决方法时，睡眠通常不被干扰。对宁静踏实睡眠的干扰之一就是做梦，因此我们可以得出结论：当我们对问题不知如何解决、即使睡觉时现实生活的压力也困扰我们时，我们就会做梦。这是梦的任务：在梦里面对生活难题并提供解决方法。现在我们可以探究：在梦里头脑如何解决困难。因为梦境不需要面对全部的、真实的现实，所以困难就会显得更容易，梦境提供的解决方法也几乎不用我们真的改变自己。梦的目的是认可和支持生活模式，并引发与生活模式一致的感觉。但是，为什么生活模式需要这样的支持呢？攻击和否定生活模式的是什么？答案是：只有现实和常识会否定生活模式。因此，梦的目的是支持生活模式、抵抗常识。这一点给我们提供了很有价值的见地：如果一个人遇到了困难，而他不想通过常识方法解决，那么他就会依赖梦境留下来的感觉，认可和支持自己的信念和态度。

乍一看，有人可能会认为这个观点和清醒生活相互对立。但其实并非如此，我们完全能在梦里引发和清醒时同样的感觉。假如一个人遇到生活中的难题，而他并不想通过符合客观常识的方法加以解决，而只想用自己一贯的生活模式来应对，那么他就会竭尽所能来证明他的生活模式有道理、很可行。举例来说，假如一个人的目标是不劳而获、不需努力工作就有大把钱可赚，而且不想为他人做出贡献，那么赌博就成了可行的方法。尽管他具备常识，知道很多人因赌博倾家荡产，可他想要的是轻松挣钱、一夜暴富，那么他会做什么呢？他的脑子里充斥着金钱带来的好处，幻想自己一夜暴富后的美妙景象：开上豪车、过上奢华的生活、享受众人对他这个富翁的恭维。通过这些景象，他激发起相应的感觉，这些感觉又促使他采取下一步行动，完全抛开所知的常识开始赌博。

生活中更为平常的事情中也有类似的道理。假如我们正在干活儿，朋友说他刚看了一部十分精彩的电影，我们可能会想要停下手里的工作去看电影。假如一个人坠入爱河，他会开始描绘未来的景象。如果他对爱情充满信心，他的未来景象会赏心悦目；如果他生性悲观，他的未来景象就会暗淡无光。不论是哪一种，他都会在心中激发与那未来景象相匹配的感觉。我们总是能通过一个人所生发的感觉，判断出他是哪一类人。

然而，如果我们说，除了引发感觉，梦并不留下其他东西，那么这和常识的关系是什么？梦是常识的敌人。我们也许会发现，那些不喜欢被主观感觉所误导、而更愿意通过科学常识面对生活的人，可能很少或根本不做梦。而也有很多人，他们远离常识，不想通过正常有益的方法解决生活中的难题。因为常识意味着与他人合作。那些没有接受合作训练的人通常都不愿接受常识，这一类人经常做梦。他们竭力要证明自己的生活模式很可行、有道理，并竭力避免现实的挑战。这里我们可以得出结论：梦是个人生活模式和生活难题之间的桥梁，这个桥梁想要证明个人生活模式无须因生活难题而改变。生活模式才是梦的主人。

梦境引发的感觉都是个人需要的感觉。一个人梦境里的表现，与其个人在其他方面和其整体个性的表现总是一致的。不论做不做梦，我们对问题的解决方法都一样，只是梦境提供了对自己一贯生活模式的支持和证明。

如果上述观点正确，那我们对梦的理解便进入了一个全新的、重要的阶段。在梦里，我们欺骗自己。每个梦其实都是自我陶醉、自我催眠。梦的全部目的，就是引发我们自己想要的应对困难的感觉。梦中的个性，其实和日常生活中的个性一致；而且我们还会看到，在梦里，做梦者就像操作头脑机器那样，引发出他在白天面对困难时需要调用的感觉。如果我们的推断正确，那么不仅是梦的内容，连做梦的结构方式，我们也能从中看到这种自欺欺人。

我们发现了什么呢？首先，我们发现梦中的画面、事件、情节等，都是某种特定的选择。前面我们也提到过这样的选择。一个人对过去的回忆，其实是自己所选择画面和事件的组合，而且这些选择和组合带有主观倾向。人们从过往经历中选择那些符合自己优越感目标的画面和事件，而优越感目标主导记忆。梦境的内容和结构也是同理，我们只选择那些和生活模式匹配、按照生活模式面对困难的梦境内容。在面对生活困难时，梦境的意义和生活模式的意义相符合、相一致。在梦里，生活模式只是用另一种方式呈现出来而已。要真正解决生活难题，就需要常识，而主观生活模式却不愿为常识让步。

梦还有什么结构方式呢？远古时期的人们以及当代弗洛伊德学派的人们都在观察后强调，梦境主要由比喻和抽象的表达方式构成。正如有位心理学家所说："在梦里我们都是诗人。"那么，为什么梦境是由比喻和诗歌般的抽象表达构成，而不是以清晰直接、简单直白的方式呈现呢？这是因为如果我们用直白坦率的方式，那就必然要面对常识。比喻和抽象表达可以被随意运用和解释。它们可以被赋予各种不同的意义，可以同时表达两个不同的意义。而其中一个可能是虚假的、不符合正常逻辑的，但却可以引发我们所需要的感觉。这就好比当人们用正常逻辑纠正他人的错误时，会把他人比喻成儿童或女子，常说的话例如"别像个小孩子一样"或者"你哭什么呀，你又不是女人"。这样的比喻，虽然本体和喻体没有直接联系，却能表达出其中蕴含的感觉。再好比一个高大强壮的男人表达对一个瘦弱矮小男人的怒气，他可能会说："他就像条虫子，只配在地上爬！"这个比喻表达出他愤怒的感觉。

比喻是表达的好帮手，但我们也很容易用比喻自欺欺人。就像《荷马史诗》中，荷马将古希腊军队描绘为凶猛的狮子，在战场上纵横驰骋，场面壮观惊人。我们会希望他如实描述军队真正的样子，描述他们潦倒、肮脏、疲乏吗？当然不。诗人希望读者将军队想象为凶猛的狮子。我们当然知道他们不是真正的狮子，但是如果诗人描述士兵们气喘吁吁、汗流浃背、强打精神、避危躲险、丢盔弃甲等细节，我们就不会在头脑中形成壮观惊人的画面。比喻是为了美、为了想象、为了幻想。然而，当我们面对一个生活模式错误的人时，我们必须谨记，比喻和抽象表达是危险的事情。

比如，假设一个学生面临考试。对于这个难题很简单，他应该鼓起勇气，用符合常识的方法面对。然而这位学生的生活模式是逃避问题，那么他可能会做打仗的梦。这个原本简单的问题在他的梦里被比喻为难度极高的战争，这样他就有了合理的理由逃避考试。或者，他也可能梦到自己站在一个无底深渊前面，只有往回跑才能避免跌下去。他必须通过这些梦引发自己所需要的感觉，借此临阵脱逃、逃避考试。而在梦里，考试被比喻为深渊，他就可以借此自欺欺人。这里，我们还能看到另外一个梦被使用的常见途径：在梦里，日常生活中的问题被删减到只剩下困难那部分，而不是问题的全貌。然后梦境通过比喻只呈现这部分，而不是问题原本的样子。

再举一例，说明另一个学生比前一个学生稍具勇气和远见。他愿意完成功课，通过考试。然而，他的生活模式是通过结果证明自己的价值——他也需要这个生活模式的"支持证据"。因此，考试前一晚，他可能会梦到自己站在高山之巅。在梦里，他面对的真实情况被简化了，只有考试结果这一小部分在梦里通过比喻呈现出来。实际上对他来说，这场考试相当复杂重大，但是整体情况的绝大部分都被删减掉了，只剩下他最关注的：成功结果。这样，梦境引发了他需要的感觉。第二天早上醒过来，他比任何时候都愉快、振奋和充满信心。他成功地通过梦境降低了问题的难度。尽管在梦里他得到了证明自己价值的结果，但他也是自欺欺人。他也没有通过常识的方式面对这个生活难题的全部，但是他却通过梦境引发了他需要的自信的感觉。

引发感觉，其实很普通和常见。例如，一个人要跳过一条小河，他可能会先数 3 个数：一、二、三！然而，数这 3 个数真的至关重要吗？数字和跳跃之间真有必然联系吗？什么联系都没有！只是他数 3 个数这个行为能引发他需要的感觉、帮助他集中力量而已。我们所有人的头脑中都储存了大量不同的方式，用以简化、打磨、巩固我们现有的生活模式，其中最重要的方式就是引发感觉。我们每时每刻，不论清醒还是做梦，都在使用这个方式，只是有时在梦里体现得更明显。

请允许我通过自己的例子来说明我们如何通过梦境自欺欺人。第一次世界大战期间，我曾经是一家战地精神病医院的院长。如果我诊断出士兵不适合上前线打仗，我会建议给他们安排较安全轻松的其他任务。这样，他们的精神紧张会极大缓解，效果通常非常好。有一天，一位士兵来找我。他体格极为强壮，但看起来精神抑郁，这让我有些纠结。当然，我倒是愿意所有士兵都无须上前线打仗，因为那极有可能送命，我希望他们都能平安回家。但是，我的诊断建议必须得到另一位更高阶军官的同意，以保证我的慈悲之心不会滥用，保持在战争的合理界限之内。给这位士兵做出诊断着实不容易，一番诊断之后我说："你的体格十分强壮，也很健康，但是你有精神疾病，因此我建议给你较为轻松的战地任务，这样你会回到战场，但是不用到前线打仗。"

然而这位士兵可怜兮兮地跟我说："参军之前我是个

穷学生，通过教书供养我的父母。如果我不回家继续教书，我父母就会饿死！"听到这个我心生怜悯，觉得我应该给他找个甚至更容易的工作——能让他回家的工作，比如到当地军事机关做文职工作。但是我又担心，如果我真的这样写诊断建议，可能会被那位高阶军官看出端倪，因此发怒，说不定反而把他送上前线。两难之中，我最终采取了最诚实的做法：我在诊断书中建议他承担较为轻松的战地任务，例如放哨站岗。

当天晚上睡着以后我做了一个很恐怖的梦，在梦里我是一个杀人凶手，在黑暗狭窄的小巷子里一边拼命奔跑，一边努力回忆我杀了谁。我记不起来杀了谁，但却记得"因为我杀了人，我这辈子完了，一切都完蛋了！"在梦里我感觉恐惧，呆若木鸡、直冒冷汗。醒来后，我的第一个想法是：我杀了谁？接下来的想法是：如果我不把那位士兵送回家，他就会被派回战场，可能会送命。那么我就是凶手。

请看，在这里我通过梦境引发了自欺欺人的内疚感：实际上，我并不是凶手；即使这位士兵被送回战地而送命，也不是我的错，我其实无须内疚。可是，我的生活模式是救命，不是将生命置于危险境地，我的生活模式不允许我冒险，我是医生。然而我又仔细思考：如果我违反常识，故意建议送他回家做最容易的文职工作，那位高阶军官肯定会一怒之下反而把他送回前线，那样更糟糕。于是我想到，能帮助这位士兵的最好方式，就是遵从战地医院的常识规则，不要受到自己的梦和生活模式的困扰和影响。于是，我在诊断书中建议他承担较为容易的战地岗哨任务。

后来发生的事情证明了遵从常识是正确的。那位高阶军官看了我的诊断建议书后，生气地把它扔在桌上。我以为他生气是因为他想让这位体格强壮的士兵去前线。于是我想：我应该写得更严重，建议把这位士兵送回家做文职工作就好了。让我没想到的是，那位高阶军官却写了一个完全不同、令我很意外的决定："军事机关文职工作，6个月。"

最后，我才了解到，原来这位士兵贿赂了高阶军官，他从来没有教过书，所说的一切都是谎言。他跟我说这些谎话，就是为了让我建议他从事最容易的文职工作。然后，和他早已串通好的高阶军官则只需在我的诊断建议书上大笔一挥"同意"即可。幸亏我遵从了战地医院的常识，没有落入这个圈套。从那时起，我决定最好不做梦。

梦的目的是欺骗和麻痹我们，这一点也解释了为什么梦难以理解。如果我们能理解梦,那就不会被梦欺骗了;梦就不会引发我们的感觉和情绪了,我们就不会因为梦境冲动行事,而会更愿意按照常识做事。如果我们理解梦,梦就失去了它的目的。梦是生活模式和目前现实生活难题之间的桥梁。按道理,生活模式不需要加以强化,而只需直面现实即可。然而,虽然梦境各有不同,但每个梦都是在强化原本的生活模式,尤其是个人在面对现实生活难题的时候,尤其是觉得需要强化自己的生活模式的时候。因此,对梦境的解析都是主观的个人的,不可能有放之四海而皆准的客观方式,因为梦是生活模式的产物,来源于每个人对自己情况的主观解释。我会讲述一些相对典型的梦境,这并不是提供适用一切的经验法则,而只是帮助大家理解梦及其目的。

很多人都做过飞翔的梦。和其他的梦一样,理解飞翔的梦的关键也是它引发的感觉。飞翔的梦通常引发"轻快浮起""勇气倍增"的感觉,将做梦者从下面带往高处。这样的梦将克服困难和达到优越感目标描绘得轻松容易。因此,这样的梦暗示我们是充满勇气的人,雄心勃勃,勇往直前,即使在梦里也不会忘记自己的雄心壮志。对"我要不要前进"这样的问题,我们的答案当然是:"没什么能阻挡我前进的脚步！"

还有很多人做过从高处跌落的梦，这也是个典型梦境。这个梦显示了，在人类头脑中，面对困难时，往往恐惧和自我保护比所需的勇气更大。回忆一下我们的传统教育，就能更好地理解这一点。我们的传统教育总是警告孩子保护自己。孩子们经常听到类似这样的告诫："不要爬到椅子上！把剪刀放下！离火远一点儿！"他们周围充斥着虚构的危险。当然，生活中有真实的危险，但是这样的告诫让一个人越来越胆怯，根本无法帮助他应对真实的危险。

人们也经常梦到自己全身麻痹无法动弹，或是没赶上火车。这样的梦蕴含的意义通常是："如果不需要我付出任何努力，困难就能迎刃而解、安然度过，我会非常高兴。所以我需要避开、绕道；我需要晚到、迟到，让火车开走吧。"还有很多人梦到考试，并因此感到惊讶。有的人觉得这么大年纪还要考试，有的人觉得这明明是多年前已经通过考试的科目。因此，对有的人来说，这个梦境的目的是"你还没有准备好应对眼前的困难"。对有的人来说则是"以前你成功应对过这个困难，现在你也能成功应对"。每个人都不同，要考虑的关键是梦境引发的感觉，以及它与做梦者生活模式之间的整体联系性。

有一位神经官能症患者，32岁，来找我进行治疗。她在家里排行老二，和大多数排行老二的孩子一样，她也很有雄心，希望自己凡事领先，解决所有问题尽善尽美、无可挑剔。她最近几乎精神崩溃，因为她与一位比自己年长很多的有妇之夫陷入了恋爱关系，而最近她的这位情人生意失败。她渴望与他结婚，而他却无法与原配离婚。

她做了一个梦，在梦里她去了乡下，把自己在城里的公寓租给了一个男人。这个男人搬进去不久就结婚了，但却不挣钱。而且这位租客既不诚实又不努力工作。因为他没钱付房租，所以她只好强迫他搬离公寓。

乍一看，我们能看到这个梦和这位女孩儿眼前难题之间的联系。她纠结是否要和一位生意失败的有妇之夫保持恋爱关系，而且现在她的这位情人很穷，无法给她任何经济支持。更加强化这个往昔和今日对比的一个经历是，她的恋人有一次带她出去吃饭，结果却没有足够的钱支付账单。她的梦引发了反对与他结婚的感觉。她是个很有雄心的女孩子，不希望和穷困潦倒的男人产生联系。于是在梦里她用了一个比喻，就好像在问自己："如果他租了我的房子，但付不起房租，我该怎么对待这样的租客？"答案是："他必须离开。"

然而实际上这位已婚男士并不是她公寓的租客。难以供养家庭的丈夫和付不起房租的租客是两回事，但是为了要用自己一贯的生活模式解决目前这个难题，这个女孩子借由梦引发了相应的感觉：我不能和他在一起。这样，她避免用常识理智的方式应对和处理整个问题，而只选其中一小部分。同时，她将这个涉及爱情和婚姻的全部问题，删减缩小到只和梦境比喻匹配程度的表达："一个男人租了我的公寓，他付不起租金，必须被赶出去。"

个体心理学治疗方法的方向是探究个体面对生活难题的勇气。因此很容易理解：随着治疗，病人的梦境会发生变化，呈现更多自信和勇气。一位忧郁症女患者治疗结束前做了一个梦："我一个人坐在长椅上，忽然暴风雨来临。幸运的是，我躲过了风雨。因为我及时回到家里，回到了丈夫身边，于是我开始帮他在报纸上查询合适的工作广告。"这位病人自己能够解析这个梦。它明显地表现出她愿意和丈夫重归于好。治疗初期她非常恨他，痛斥他的软弱、不上进，无法改善他们的生活。她解释这个梦的意思是："和丈夫在一起，比独自承担生活重担更好。"我们同意她对这个梦的解释，然而我们也能从她和丈夫重归于好的方式中，窥探到关系紧张的夫妻之间那种对伴侣和婚姻的抱怨之气。对她来说，独自一人被过分强调，她还是稍微缺乏合作所需的独立和勇气。

一个10岁的男孩儿被带到诊所。他的老师们抱怨他刻薄无礼、不怀好意、陷害同学，说他在学校偷东西，然后放进其他同学的课桌里，诬赖他们，导致其他同学受罚。这样的行为通常发生在那些需要贬低别人来抬高自己的人身上。他想羞辱其他同学，证明他们才是不怀好意，而不是他自己。如果这是他的一贯方式，我们可以推测：是家庭环境的培养使他成为这样，可能有一位家庭成员是他想要贬低的人。我们还了解到，他10岁那年曾经拿石头扔一位孕妇，结果陷入麻烦。10岁的孩子已经能够理解怀孕是怎么回事了，因此我们可以猜想他不喜欢怀孕，可能家里有个妹妹或弟弟，而这让他很不满。老师的报告里把他称为"害群之马"，他经常招惹同学伙伴，给别人起外号，编造别人的谣言。他还经常追吓年龄更小的女孩子，甚至打她们。现在我们可以推断，他有个和他存在竞争关系的妹妹。

我们又了解到，他家里有两个孩子，他是长子，确实有个4岁的妹妹。然而他的妈妈说他很爱妹妹，对妹妹很关爱。我们觉得这有点儿夸张，难以置信，因为这样的一个男孩几乎不可能关爱妹妹。我们接下来看看这个猜测是否准确。妈妈还说她和丈夫的关系十分和谐美好。这个男孩儿真是可怜，很显然他的父母对他的不良行为没有半点责任；肯定是他本性顽劣不化，或者是他天生不走运，或者是从某个祖先那里遗传了这些缺点！我们经常看到出色的父母却有糟糕的孩子。很多教师、心理学家、律师、法官都有亲身经历。确实，"理想"的夫妻关系很可能在孩子眼里却是个问题：如果孩子看到妈妈全身心爱着爸爸，他可能会恼火，因为他想独占妈妈的关注，对任何享有妈妈爱的人都会憎恨。那么，如果美满的婚姻让孩子变差，而糟糕的婚姻让孩子变得更差，我们该怎么办呢？我们必须让孩子从一开始就学会合作，把孩子纳入父母的夫妻关系中，并且必须避免孩子只依赖其中一位家长。这个男孩是个被宠坏的孩子，他只想要妈妈的关注，只要他觉得妈妈的关注不够，就会制造麻烦。

这个想法很快被证实了。他的妈妈从未亲自惩罚过儿子，她总是等孩子爸爸回家由他实施惩罚。也许她觉得自己软弱，也许她觉得只有男人才能发号施令，也许她认为只有男人才足够强壮可以实施惩罚，也许她希望让儿子永远待在自己身边，害怕失去他。不论是哪个原因，她都在培养和训练孩子远离父亲,不与父亲合作,那么父子之间的冲突不可避免。我们还了解到,爸爸很珍爱妻子和家人,但是因为这个男孩儿,他工作后也不想回家。他对儿子的惩罚很严厉,经常打他。然而妈妈告诉我们:这个男孩儿一点儿也不恨爸爸。再一次,我们对这个说法难以置信。这个孩子又不是傻子,他只是已经学会了掩藏自己的感觉。

他很喜欢妹妹,但他并不和妹妹好好玩儿,他经常打妹妹耳光,还踢她。这个男孩儿睡在客厅的一张折叠床上,而妹妹睡在父母卧室里的一张幼儿床上。如果我们把自己放在男孩儿的角度,自然能够同情、理解他。卧室里那张幼儿床一定很刺眼,令人伤心。我们可以从这个男孩儿的角度观察、思考、感受:他想要妈妈的关注。每天晚上,妹妹和爸爸妈妈离得那么近,而他要用各种努力才能离妈妈近一点儿。这个男孩身体很健康:正常出生,母乳喂养至7个月大。然而第一次用奶瓶喝奶,他却发生了呕吐,这种呕吐一直延续到3岁。很有可能他的胃不好。现在他饮食正常,营养状况良好。可是他的胃似乎一直不好。他认为"胃不好"是自己的弱点。现在,我们能理解为什么他向孕妇扔石头了。他对家里的饮食极为挑剔,而当他不想吃饭的时候,妈妈就会给他钱,让他出去买喜欢吃的东西。即便如此，他却去跟邻居们说父母不给他足够的食物。这是他很熟练的手段，他追求优越感的方式是贬低、伤害他人。

现在，我们能够理解他刚到诊所时诉说的一个梦了。他说："我是一名美国西部牛仔，却被人送到了墨西哥。我靠打仗斗争才回到美国。有个墨西哥人过来，我一脚踢在他的肚子上。"在美国，牛仔就像英雄一般，这个男孩儿认为追吓小女孩儿、踢她们等等，都是英雄行为。我们前面也看到，胃——他认为最脆弱的部位，在他的生活里有着重要意义。他自己胃不好，而且他的爸爸也患有神经性胃病，经常说胃不舒服。

这个家庭里，胃的重要性无与伦比。这个男孩的目标就是攻击别人最脆弱的地方。他的行为和梦境都清晰地体现了他的生活模式。他生活在自己的梦里，如果我们不把他拉回现实，他会继续这样。他不仅会和爸爸、妹妹、同学们、小女孩儿们发生战斗，还会和想要帮助他停止战争的医生发生战斗。他梦中的冲动情绪会刺激他继续现在的行为，成为英雄，征服他人。除非有人让他明白这样的行为是自欺欺人，否则什么治疗方式都没用。

我们给他解释了他梦境的意义：他觉得自己生活在一

个充满敌意的环境中,那些想要惩罚他、阻止他行为的人就是梦里的墨西哥人,就是他的敌人。下一次他又来到诊所,我们问他:"上次见面后你怎么样了?"

他说:"我没干好事,是个坏孩子。"

我们问:"你做了什么?"

他回答:"我追赶一个小女孩儿。"这句话不仅仅是坦白自己的行为,其实更是炫耀和攻击。因为他知道这里是诊所,我们想要改变他的行为,于是他则坚持自己还是坏孩子,就好像在说:"你休想改变我,我会踢你的肚子!"

我们要拿他怎么办呢?他还生活在梦里,还在扮演英雄。我们必须先消除他从这个角色中获得的心理满足。我们问他:"你相信真正的英雄会去追赶小女孩?这样的模仿行为太差劲了吧!如果你真的想当英雄,你应该追赶大女孩儿、强壮的女孩儿,或者根本就不应该追赶女孩子!"这是治疗方法的一部分。我们需要帮助他睁开眼睛认识清楚,不能再继续他的生活模式。正如谚语所说——"在他的汤里吐口水",这样他就不会再喜欢这个"汤"了。治疗方法的另一部分是鼓励他合作。只有一个人害怕采用对生活有用的方式会失败时,他才会采用对生活无用的方式。因此我们还要帮助这个男孩儿寻找他生活中有用、有价值的方方面面。

一位24岁、从事秘书工作的单身女孩儿,抱怨他的老板欺压下级,让她对自己的工作难以忍受。她还觉得自己交不到朋友,或友情难以持续。经验告诉我们,如果一个人交不到朋友,通常是因为这个人想要驾驭他人、只对自己感兴趣、友情的目标是表现自己的优越。可能她和老板都是这样的人,都想控制他人。这样的两个人相处势必出现困难。这个女孩是家里7个孩子中的老幺,家里的宠儿。她有个外号叫"汤姆",因为她一直想当个男孩。这一点增加了我们的推测,她确实以驾驭、控制别人为自己的优越感目标。她认为,男性化能帮助她控制别人,并且不受别人控制。她长得很漂亮,但她认为别人喜欢她只是因为她的美貌,她害怕失去美貌或受伤害。漂亮女孩子很容易引起别人关注或控制别人,她也深知这一点。但是她希望做个男生,用男性的方式控制别人。因此,她对自己的美貌并不感到高兴。

她的早期记忆是曾经被一个男人惊吓。她承认,到现在仍然害怕窃贼和疯子。一个想要男性化的人却害怕窃贼和疯子,这一点可能会让人觉得不可理解。然而这并不奇怪,正是她的弱点决定了她的目标。她想生活在自己可以完全掌控的环境里，所以任何她不能掌控的因素都要排除在外。窃贼、疯子这类人无法掌控，所以她自然不希望出现在她的世界里。她希望的是不费吹灰之力就像男性那样掌控世界，即使失去控制也是情有可原、无关紧要。她对自己的女性角色深深不满，仿佛发布了一份"男性宣言"："我是个男人，我要击败作为女性的不利因素！"

现在，我们来看看如何在梦里找到同样的生活模式痕迹。她经常梦到自己被迫单独一个人待着，而她是个被宠坏了的孩子，她的梦意味着："我必须被时刻照顾，一个人不安全。其他人会攻击和控制我。"另外一个她常做的梦是丢失钱包。这是在说："要小心，不然你会失去现在拥有的。"而她什么都不想失去，尤其不想失去她对别人的控制权。但她在梦里选择的比喻是钱包，用这个代表所有。还有另外一个例子也显示了梦引发感觉以强化生活模式。她并没有丢过钱包，但是梦里丢钱包的感觉却留了下来。她另外一个较长的梦也显示了她的这个生活态度："我去一个游泳池游泳，人很多。有个人注意到，我站在一些人的头顶上。我觉得有个人对我大叫，让我留心别摔下来，很危险。"如果我是个雕塑家，我应该这样刻她的雕像：站在众人头顶，将他人用作踏板。这是她的生活模式，是她通过梦引发出的感觉。然而她看到自己的位置很不稳定，认为别人也应该看到这一点，其他人应该照顾她，这样她就能继续站在众人头顶。在水里游泳，这对她来说不安全。这就是她的生活模式，她既定的生活目标是："尽管我是女孩儿，但我要当男人。"她很有野心，几乎每个家里老幺都是如此；但她想要的是妄自尊大，而不是调整自己适应环境；她始终生活在对失败的恐惧中。如果我们要想帮助她，则需要带她脱离恐惧、脱离对男性的过高评价，帮助她感受到同伴的友好，学会平等待人。

另外一个女孩儿，13岁时，她的弟弟在一次事故中丧生，她的早期记忆是这样的："我弟弟小时候学走路，抓住一把椅子想要站起来，结果椅子倒了砸在他身上。"这是另一个深深相信世界充满危险的例子。她说："我最经常做的梦非常奇怪。我在很熟悉的街上走路，可是路上有个洞，我没看见。我走着走着，不小心掉进了洞里，洞里全是水。一碰到水，我就一激灵醒过来了，心脏跳得特别快。"我们并不像她那样觉得这个梦奇怪。她越让自己被这个梦吓到，就越会觉得这个梦奇怪得难以理解。这个梦是在说："当心，生活里有你不知道的危险。"但是，这个梦境的意思不至于此。如果一个人已经处在下面，就不会掉下。如果她担心自己掉下，那说明了她觉得自己现在高人一等。那个梦还在说："我比别人优越，但是我必须当心不要变得低微。"

还有一个例子，从中也可以看到早期记忆和梦境中的生活模式始终一致。有个女孩儿告诉我们："我记得小时候很喜欢看别人盖楼房。"我们可以猜测她愿意合作。我们不能期待一个小女孩儿亲自参与盖房子，但是她通过这个兴趣显示她愿意与他人共同承担任务。"我那时是个小娃娃，站在一扇很高的窗户前，窗户玻璃干净明亮，现在想起来还像昨天那样历历在目。"她注意到窗户很高，这说明她可能在脑子里会做高低大小的对比。她那句话的意思是："窗户很高，我很矮。"如果她低于平均身高，我们应该不会感到吃惊。正是这个原因让她格外关注高低大小之分。她说这个记忆就像昨天那么清楚，可能有点儿吹牛。现在我们来看看她的梦："我和几个人坐在一辆小汽车里。"她确实如我们猜测的那样愿意合作，喜欢与他人相处。"我们一直开到一片树林前，停下来。大家从车里出来，跑进树林。他们大部分人比我高大。"再一次，她注意到高低大小的区别。"但是我竭尽努力，没有落后，也按时赶到了电梯那里。我们乘电梯，下到一个十几米深的矿井里。我们在想,可不能出电梯,电梯外的空气可能有瓦斯毒气。"这里她在描述一种危险的情形。大多数人都害怕某种危险,人类并非天生极具勇气。"但是我们出了电梯,非常安全。"这里我们能看到乐观的态度。如果一个人愿意合作,那么这个人通常也很乐观、很有勇气。"我们在矿井里待了一小会儿,然后乘电梯回到地上,很快跑回车里。"我相信这个女孩儿很有合作精神,只是认为自己应该身材更加高大。我们可以看到她在这个方面有些紧张感,就好像总是竭力踮着脚站着。但因为她对他人感兴趣,对群体共同成果感兴趣,这种紧张感很容易得到平衡和消除。

VI. Family Influences

第六章

家庭的影响

从出生那一刻起，婴儿就渴望与母亲联结。婴儿的每个行为都朝向这个目标。从出生起很多个月里，母亲在婴儿的生活里扮演着最重要的角色：婴儿完全依赖于母亲。也正是在这个关系里，人类开始发展最初的合作能力。母亲让婴儿第一次接触另一个人，第一次对除自己以外的人感兴趣。母亲是人类通往社会生活的第一座桥梁。如果一个婴儿不能与母亲联结，或者不能与替代母亲的人联结，便无法生存。

这种与母亲的联结极度密切并且影响深远。我们其实无法判断一个人的人生里哪些特质完全来自遗传。因为每个特征都有可能由于母亲的影响而发生改变，被训练、被教化、被重造等。一个母亲是否具备养育技能，会影响孩子的所有潜质。我们所说的养育技能，指的就是母亲能否与孩子合作并赢得孩子合作的技能。这个技能不能通过教材或规则学会，因为每天都在发生各种新情况。母亲需要在面对无数新情况时通过自己的洞察力以及对孩子需求的理解去应对。只有真心对孩子感兴趣，真心想赢得孩子的情感，真心保护孩子的利益，母亲才会具备这种技能。

母亲的一言一行都能从中看出她的态度，把孩子抱起来、抱着孩子走、和孩子说话、给孩子洗澡、给孩子喂奶喂饭等等，每件事都是和孩子联结的好机会。如果母亲对自己的职责经验不够或者根本没有兴趣做这些事，她就会笨手笨脚、动作粗鲁，而孩子则会拒绝妈妈。假如母亲对给孩子洗澡这件事没兴趣，即使给孩子洗，孩子也会感受到洗澡是个很难受的经历。因此孩子不会就此和母亲产生联结，而是会设法拒绝和逃避。再例如哄孩子睡觉，母亲也需要熟练于所做的动作、发出的声音等等。她需要根据经验决定是陪着孩子还是不陪孩子，需要考虑整个环境——有没有新鲜空气、房间的温度以及孩子的营养状况、睡眠时间、生理习惯和是否卫生整洁等。在每一个场合，母亲都在给孩子提供喜欢妈妈还是讨厌妈妈的机会、合作还是拒绝的机会。

在母亲的养育技能方面，并没有什么神秘高深的方法，这是长期训练自己和对孩子感兴趣的结果。这方面技能的准备从很小就开始了。从女孩子对待婴儿、更小的孩子和对自己未来角色的态度就能看出最初的端倪。我们从不提倡教育男孩和女孩时为他们树立一模一样的未来目标。如果我们希望社会中的母亲们都具备养育技能，那么女孩子们需要得到这方面的教育，帮助她们喜欢成为母亲，认为母亲是一个极具创造力的角色，将来等她们真的做了母亲就不会沮丧和失望。

然而很不幸的是，我们当今的社会文化中，母亲的角色和价值被视为微不足道。重男轻女的文化让男性角色高高在上，因此女孩子自然不喜欢将来做母亲。没有人喜欢和满足于低人一等。而当女孩子们到了结婚生子的时候，她们自然会通过不同方式反抗。她们不愿意，也没准备好生养子女，并不渴望成为母亲，不觉得母亲是个极具创造力的角色。这一点可能是当今社会最严重的问题，而且没有引起应有的关注，也没有合适的解决方法。整个人类社会都维系于女性对母亲角色的态度。可是几乎世界每个地方，女性的价值都被低估，女性的社会地位被视为次要。甚至连童年期，男孩子们也认为家务活儿是仆人才做的工作，好像所谓的男性尊严，就是男性对于家务活不用动一根手指。干家务活儿、操持家政，被看成贬低女性家庭地位的苦差事，而不是对家庭的重要贡献。但是，如果女性能把家务活儿视为一项具有艺术性的工作，对此充满兴趣，并借此丰富、充盈自己和家人的生活，那么她就能使家务活儿变得和其他所有工作同等重要。反过来说，如果我们认为家务活儿太低级，不值得男性去做，那么当女性抵制和抗拒家务活儿，并且努力证明男女平等——其实这是不需证明的既定事实——我们应该反思以下问题：女性地位是否平等？女性是否被赋予了同等机会发掘她们的潜能？毫无疑问，潜能只能通过社会兴趣实现，而在通往社会兴趣的过程中，不应出现对实现个人潜能的障碍和限制。

只要女性价值被贬低，婚姻和谐就会遭受重创。当悉心养儿育女被视为微不足道，那么就没有女性会训练自己去掌握母亲的养育技能——那些对孩子早期生活极为重要的母亲应掌握的技能，例如关怀、理解、同情等，则都无法传递给孩子。对自己母亲角色不满的女性，会为自己树立其他的生活目标，这个目标会妨碍她与孩子产生亲密联结。她的生活目标与孩子的生活目标不一致。她的生活目标会是证明自己的优越；这个目标会使孩子成为干扰和障碍。当我们追溯一个人生活经历中的失败时，几乎总能发现其母亲未能尽职尽责：没能给孩子幸福的童年。如果母亲们失败，如果母亲们对自己的角色不满、没有兴趣，那么整个人类都会陷入危险。

然而，我们并不能因此把问题归咎于母亲们，要母亲们为此危险负责。她们没有错。可能母亲自己也从未接受过合作的训练。可能母亲在婚姻中感到压抑、痛苦，她对自己的状况感到困惑和担心，甚至有时充满绝望。幸福的家庭生活其实总有起起伏伏。比方说，假如妈妈体弱多病，即使她愿意和孩子合作，但也心有余而力不足；假如是职场妈妈，可能下班回到家时已经筋疲力尽。如果家庭经济条件拮据，那么孩子们的食物、衣服、居所条件等都成为问题。更重要的是，孩子的行为其实并不由实际经历决定，而是由孩子对实际经历的主观结论决定。当我们探索问题孩子的经历时，时常看到他们和母亲之间关系紧张。然而，我们也在其他孩子身上看到类似问题，而他们应对的方式却更好——这就回到了个体心理学的核心基础：个性发展并没有原因，但儿童却会利用符合自己目的的经历，将其作为所谓的原因。例如，我们不能说，如果一个孩子童年不幸，他将来就会成为罪犯。我们必须探究他从不幸童年这个经历中得出的主观结论。

如果一位女性对母亲的角色不满，她就会出现困难和紧张，这一点很容易理解。但我们也都知道母性的力量有多么强大。研究显示，母亲保护孩子的本能比其他本能更加强烈。拿动物举例，老鼠、猩猩等都显示，母亲保护幼崽的本能强于性和吃的本能。也就是说，假如它们只能选择一个本能采取行动，保护幼崽的本能会胜出。这个本能的基础不是性，而是与生俱来的合作目标。母亲通常认为孩子是自己的一部分；由于孩子，母亲和生命整体产生联系，觉得自己好像是生与死的主宰。我们发现，几乎每位母亲都或多或少觉得自己完成了一项无与伦比的创作。我们甚至可以将此比喻为：母亲的创作如同上帝一般——从一无所有中创造了一个生命。母性的力量，其实也正是人类追求优越的体现之一：人类希望如神一般。而这一点也恰恰给了我们最清楚的证明：优越感目标应该用在对他人和人类的福祉以及最深刻的社会兴趣上。

当然，母亲也可能夸大孩子是自己一部分的感觉，并迫使孩子成为追求自我优越感目标的工具。她可能会使孩子完全依赖自己，控制孩子的生活，让孩子永远和自己绑在一起。请允许我举一个例子，有一位70岁的农村妇女，儿子已经50岁了，还和她住在一起。两人同时患了肺炎，母亲活了下来，但儿子在送到医院后去世了。当母亲得知了儿子的死讯，她说："我就知道，我肯定养不活这个孩子。"她认为自己应该对孩子的一辈子担负责任，从来没想过要让孩子成为社会生活中平等的一分子。我们由此可以理解，随着孩子长大，如果母亲不扩大孩子早期和自己产生的联结，不引导孩子在社会环境中平等地合作，将会犯下多么大的错误。

然而，母亲的人际关系并不简单，不能只强调母亲和孩子之间的联结。明白这一点，不仅对孩子很重要，对母亲自己也很重要。当我们面对多个问题时，如果只强调一个问题，其他问题就会被忽视；即使我们面对的是一个简单的问题，恰当重视也比过分强调对解决问题更有帮助。

　　母亲不仅和孩子产生联结，还和丈夫及整个社会产生联结。这3个联结必须得到同等重视：必须用平静和常识面对。如果母亲只强调和孩子的联结，她无可避免会宠坏娇纵孩子，结果让孩子很难独立、很难与他人合作。母亲成功地和孩子建立联结后，下一个任务是帮助孩子将兴趣扩展至父亲，然而如果母亲自己对丈夫没兴趣，这个任务则不能完成。母亲还需要将孩子的兴趣扩展至身边的社会，例如其他孩子、朋友、亲朋好友，以及整个社会。因此，母亲的任务包括两部分：她需要通过自己和孩子的联系，给孩子提供可以信任他人的经历；她也需要将孩子的兴趣和信任扩展至整个人类社会。

　　如果母亲只努力专注于孩子对自己的兴趣，将来孩子就会憎恨那些想要培养他对别人感兴趣的人。他总是会想找母亲寻求支持，对任何他认为是夺取母亲对他关注的竞争者产生敌意。只要母亲对丈夫或者其他家庭成员表现出关注，就会被孩子视作剥夺了自己的权益，孩子会发展出这样的信念：我的妈妈只属于我，不属于其他任何人。现代心理学对这一点产生很多误解。例如，弗洛伊德学派中的俄狄浦斯情结，认为孩子天生倾向于爱上母亲，想和母亲结婚，而憎恨父亲，希望杀死父亲。如果我们了解孩子的发展，就不会出现这样的错误理论。俄狄浦斯情结只在那些想要占有母亲全部关注、排斥其他所有人的孩子身上出现。这样的欲望与性无关，有这样欲望的孩子是想要制服母亲、完全控制母亲、让母亲成为奴仆。只发生在被母亲娇纵宠坏、从未对他人发展出伙伴关系的孩子身上。只有很少的例子中，只和母亲保持联系的男孩子会爱上母亲，想要和母亲结婚。即使在这些例子中，背后的心态其实是：他看不到和其他人合作的可能，只有母亲能和他合作。他不信任其他女人，不相信他们能像他妈妈那样谦恭顺服。因此，俄狄浦斯情结其实是错误养育的人工产物。我们不需认为这是遗传而来的乱伦本能，不需认为这样的反常行为与性有关。

被母亲一直系在身边的孩子，当他们处在没有母亲的环境里时麻烦就会接踵而至。例如，当他上学或者在公园里和其他孩子玩耍时，他关注的却是和妈妈保持联结，一直得到妈妈的关注。只要和妈妈分离，他就会发飙。他的愿望是一直让妈妈在自己身边，一直占据妈妈的头脑和关注。要达到这个目的，孩子有很多办法。他可能会成为妈妈的心肝宝贝，总是很软弱、很乖巧，需要同情；动不动就会生病、哭泣，显示自己多么需要照顾。也有可能，孩子会大发脾气，叛逆，和妈妈发生争执，以便博取妈妈的关注。在问题孩子身上，我们看到被宠坏孩子的各种表现形式，他们的所作所为都是为了得到妈妈的关注，拒绝环境对他们合作的需要。

孩子们总能迅速找到成功获得妈妈关注的方式。被宠坏的孩子通常害怕一个人待着，尤其是一个人待在黑暗里。其实并不是黑暗本身让人恐惧，而是孩子利用这个恐惧来得到妈妈的关注。有个被宠坏的孩子总在夜里哭泣。一天晚上，孩子又哭，妈妈进到孩子的房间里问："你为什么害怕呢？"孩子回答："因为很黑。"但这次妈妈明白了孩子行为背后的目的，于是妈妈说："我进来以后就不黑了吗？"你看，黑暗本身并不重要，孩子对黑暗的恐惧其实是在表达他不想和妈妈分开。他无意识地调动所有情绪、所有力量、所有心智，创造出妈妈要过来和他联结在一起的情景。他可能还会用尖叫、大喊、睡不着和其他麻烦让妈妈过来。教育家和心理学家最关注的是恐惧。个体心理学中，我们不着重于找出恐惧产生的原因，而是探寻恐惧背后的目的。所有被宠坏的孩子都有恐惧：正是通过恐惧，他们获得关注，引发符合他们生活方式的情绪。他们利用恐惧达到和母亲联结的目标。一个胆小的孩子是一个被娇宠并想被继续娇宠的孩子。

有的时候，这样被宠坏的孩子会做噩梦，并在梦里哭泣。这是个常见症状。然而只要认为睡梦和清醒是两个对立状态，这个症状就没有解决之道。这样的见解是个错误，睡梦和清醒并不对立，只是两种不同状态。孩子在梦中的行为其实和清醒时并无不同。他想要改变环境以达到自己的目标，这一点既影响他的身体，也影响他的头脑。很快，他就找到达到这个目的的最佳方式。即使在梦中，符合目标的想法、画面和记忆也会来到头脑中。一个被宠坏的孩子有过几次经历后就会发现，如果想和妈妈产生联结，那些最让他害怕的事情和想法反倒成了他最有力的工具。即使长大成人，很多被宠坏的孩子依然留存着最让他们焦虑、害怕的梦境。在梦里害怕，被证明是得到妈妈关注最有效的方式，并且逐渐成为长久的习惯。

利用恐惧和焦虑非常普遍。如果我们听到哪个被宠坏的孩子从未在睡觉时有问题，那才很奇怪。获得关注的手段实在很繁多。有些孩子说他们的睡衣不舒服，或者吵着要喝水；有些孩子说害怕强盗或野兽；有些孩子非要父母坐在床边，否则无法入睡；有些孩子常常从床上掉下来或者尿床。我曾经治疗过的一个被宠坏的孩子入睡后没有任何麻烦。她的母亲告诉我，孩子睡得很踏实、不做梦，也不会无故醒来，睡觉完全没问题。只有白天这个孩子才惹麻烦。这一点让我觉得很奇怪。我提出一些睡着后可能出现的、为了获得母亲关注的行为，可这个孩子一个都没有。最后我找到了答案。我问这位母亲："孩子睡在哪？"她回答说："我的床上。"

生病是被宠坏孩子的另一个常用手段，因为生病时得到的照顾最多。经常出现的情况是：一个孩子生病之后，反而变成了一个问题孩子。乍一看，好像是生病造成的。但事实却是，孩子康复后还记得自己生病时得到的关注。而康复以后妈妈给他的关注不再像生病时那么多，这时候孩子就会通过变成问题孩子来报复。还有的时候，一个孩子观察到家里别的孩子因为生病而成为关注中心，于是也希望自己生病，甚至会亲吻生病的孩子，期望自己因此被传染。

有个女孩子曾经因病住院4年,被医生和护士宠坏了。当她出院回家后,刚开始父母也很宠她,但几周后父母对她的关注减少了。接下来只要她得不到满足,就一边吃手指一边说:"我住过院哦!"借此来提醒别人她曾经生病住院,以便继续她曾经得享的特殊待遇。类似的情况我们也能在某些成人身上看到,这些人喜欢谈论他们曾经罹患的疾病或动过的手术。有时候也会出现另一种情况,有些问题孩子在罹患疾病得到父母很多关注后则会好转,不再是问题孩子。我们前面曾经说过,身体器官缺陷给儿童造成额外负担,但它并不能对性格缺陷起到决定性作用。因此,我们可以说,并不是因为缺陷或疾病治愈了,所以孩子性格变好了。举个例子,有个家里排行第二的男孩儿,曾经是个问题孩子,他撒谎、偷窃、逃学、叛逆,有暴力倾向。老师都不知道该拿他怎么办,甚至催家长把他送往少年管教所。这时他患了髋关节结核,髋部打了石膏,在巴黎休养了半年。结果,痊愈后他成了家里最好的孩子。我们不认为是疾病治愈给他造成了影响。后来原因很快明朗了:他曾经的错误想法被纠正了。他曾经相信父母更偏爱哥哥,忽视和冷落他。生病期间,他发现自己成了关注的中心,被人照顾,被人关怀和帮助;而他有足够的心智,摆脱了曾经认为自己被忽视的想法。

有人认为纠正母亲错误的最佳办法，是让所有的孩子离开他们的母亲，脱离母亲的照顾，把孩子们都送进托儿所或保育院，这样的想法十分荒谬。如果我们要找母亲的替代者，那么我们其实寻找的是在孩子生命中扮演母亲角色的人——真的像母亲那样对孩子感兴趣的人，而不是机构。这样说来，训练孩子的生母其实更容易。孤儿院里长大的孩子通常对他人缺乏兴趣，因为生活中没有人主动在他们和其他伙伴之间架起人际关系的桥梁。有时候那些在孤儿院发展不佳的孩子会被用来做实验，要么是寻找护士或修女专门照顾他们；要么给他们找到另外的家庭，新父母像养育自己孩子那样养育他们。只要选对了领养家庭的母亲，孩子的情况通常会大有改善。养育这样孩子的最佳办法，是找到真正能给他们做母亲和父亲的人，给他们提供真正的家庭生活。如果我们确实要把所有孩子从他们犯错的母亲身边带走，那么我们应该尽全力寻找能真的承担父母任务的人。

母爱的重要性，还可以从一个侧面反映：很多失败者都是孤儿、私生子、意外怀孕没人要的孩子，或者破裂婚姻中没人要的孩子。继母难做是不争的事实，因为前妻的孩子通常会反抗继母。但是，这个问题并非不可解决，我曾经看到过很多成功美满的例子。只是很多女人并不理解孩子心理。比方说，假如妈妈去世了，孩子则很容易转向爸爸，得到爸爸的宠爱。而现在爸爸有了新妻子，孩子感到自己得到的关注被剥夺了，就会和继母作对。这时，如果继母认为必须还击，情况就会更加糟糕。她真的成了威胁，孩子就会变本加厉。和孩子的战争，肯定是双方皆输的战争：打败孩子，不能让孩子学会合作。这样的战争中，最弱势的一方其实才是赢家。越向孩子命令，孩子就越拒绝；战争永远不是正确的方式。如果我们都能意识到，战争并不能赢得爱与合作，这个世界就会减少大量紧张关系和无用的挣扎。

父亲作为家庭生活中的一部分和母亲同等重要。最开始时，父亲和孩子的关系不像母亲和孩子那样亲密，他的影响力在稍后才会对孩子显现出来。前面我们已经阐述了如果母亲不帮助孩子将兴趣扩展至父亲可能带来的危害，孩子会在发展社会兴趣方面遇到严重障碍。父母不愉快的婚姻会给孩子带来危险。可能母亲认为自己没有足够能力让父亲全身心融入家庭生活；可能母亲想把孩子留在自己身边；可能父母双方都把孩子当作获取个人利益的棋子；

可能父母双方都想让孩子只留在自己身边，想让孩子爱自己比爱对方更多。如果孩子觉察到父母之间的裂痕冲突，他们通常很会利用这个冲突，让父母更加对立。然后父母之间会形成竞争，看谁把孩子养育得更好，谁更宠溺孩子。如果孩子在这样的环境里成长，几乎很难培养和训练他们学会合作。因为孩子最先从父母身上学习合作，而如果父母的合作关系很差，那他们就无法给孩子在学会合作方面言传身教。更进一步说，孩子是从父母的婚姻关系中产生对婚姻和异性关系最初信念的。不幸婚姻中的孩子，除非他的最初信念得到更正，否则通常长大后也会对婚姻秉持悲观的态度。他们成人后会认为婚姻关系注定失败。他们可能会避免跟异性接触，或者相信即使自己追求异性也不会成功。因此，如果父母的婚姻不是双方社会生活方面的合作，不是社会生活的产物，不是为了参与更大的社会生活做准备，那么孩子则会遭受重创。婚姻的意义应该在于它是两人为了共同福祉、为了孩子的福祉、为了社会的福祉，而形成的合作关系。如果任何一方面失败，那么婚姻都无法和生活形成整体。

既然婚姻是合作关系，那么婚姻中任何一方都不应该高高在上。这一点应该比现在所强调的引起更多重视。家庭生活的所有方面都不应该有权威的想法。如果某个家庭成员比其他人更特殊、更受重视，那么这个家庭是不幸的。如果家庭中父亲脾气暴躁，想要主导其他家人，则会给儿子形成关于做男人的错误观念。也给女儿带来不幸，她们成年后会认为男人就是暴君。孩子会形成这样的信念：婚姻就是通过主人与奴仆般的关系控制他人，给自己带来安全感。如果家庭中母亲成为权威，总是唠叨其他家人，结果就会让女儿模仿母亲，变得强势刻薄，喜欢批评他人。而儿子则总处在防御状态，害怕批评，时刻警惕不让自己被他人控制。有的时候，不仅母亲强势专横，姐姐、姨妈姑妈等也会加入这个阵营，管束家里的男孩儿。结果男孩儿会变得畏手畏脚，不愿参加社会生活。因为他担心所有女性都是这样数落别人、唠唠叨叨、吹毛求疵，甚至希望远离所有女性。当然，没人喜欢被人批评。但是如果一个人把避免被人批评视作自己生活的目标，那么他与整个社会的人际关系都会被影响。他会从这个视角看待每件事，只通过自己的感观来判断："我是控制者，还是被控制者？"这样把人际关系视作决定胜负的比赛，就不可能发展出平等的友谊。

父亲的任务可以用三句话总结：自己是妻子的好伴侣，

是孩子的好伙伴，是社会的好成员。他必须以良好的方式应对生活的3个限制——职业、友谊、爱情，他必须用平等的方式与妻子合作，照顾、呵护家庭。他不应忘记，妻子在家庭中的位置不容忽视。父亲的责任不是贬低母亲，而是与母亲共同努力。关于金钱，我们需要特别强调，即使父亲是全家的经济来源，它也依然是共同财产。父亲永远不应认为是自己给予、他人获得。和谐的婚姻中，即便父亲是挣钱的人，那也只是家庭分工不同而已。

不幸的是，很多父亲认为既然自己是收入来源，就理应统治家人。家庭中没有统治者，让人产生这样感觉的所有情况都应该被避免。所有男性都应该意识到一个事实：我们的社会文化过分强调男性的优越地位，自然而然造成女性结婚时或多或少担心被男性统治、处于低下的地位。男性应该知道，并不能因为妻子是女性、照顾家庭的方式与自己不同，就认为她比自己卑微。在合作关系的家庭，不论女性是否挣钱养家，谁挣钱、钱归谁都不应是问题。

父亲对孩子的影响非常大，很多人一生中要么把父亲视为最大的偶像，要么视为最大的敌人。惩罚，尤其是体罚，肯定会给孩子带来伤害。不能用友善的方式进行的教育是错误的教育。一个很不幸的现象是，父亲常常承担家庭中实施惩罚的角色。之所以称之为不幸的现象，有几个原因。第一，它展示了母亲的信念——女人无法教育孩子，因为她们是弱者，需要依赖更强的人。如果妈妈跟孩子说："等你爸回家再说！"她其实是在告诉孩子，父亲是家里的最终权威、生活的主宰。第二，它影响父亲与孩子的关系，让孩子害怕父亲，而不是和父亲成为朋友。可能有些母亲担心，一旦自己惩罚孩子，就会失去孩子的爱。可是转而让父亲惩罚孩子，却不应是这个担心的解决办法。孩子不会因为母亲让父亲实施惩罚而减少对母亲的愤恨。很多女性用"告诉你爸爸"来让孩子听话。这会让孩子对男性在生活中的角色得出什么结论呢？

如果父亲以积极的方式应对生活的 3 个限制，他就会成为家庭不可或缺的一部分——一位好丈夫、一位好父亲。他就会与其他人轻松相处、成为朋友。当他结交朋友时，他的家庭也融入了他这部分社会生活。他不会孤身只影、墨守成规。他会把家庭以外的影响带入家庭，给孩子身体力行地展示社会生活中的合作。然而，如果父亲和母亲的朋友圈完全不同，互不往来，则会给家庭带来危险。父母应该有共同的朋友，而不是被各自朋友分开。我当然不是说两个人要时时刻刻在一起，永远不单独外出，而是说两个人和共同的朋友相处应该是家庭常事。比方说，假如丈夫不想把妻子介绍给自己的朋友们，两人关系就会出现挑战，丈夫的朋友关系在家庭关系之外。对孩子的成长来说，十分有价值的一点是：孩子要领会家庭生活是更大社会生活的一部分，家庭以外也有值得信任的人们。

如果孩子与自己的父母、兄弟姐妹关系和谐，则是他合作能力的有力证明。当然，他长大后需要离开家庭，独立自主，但这并不意味着他讨厌自己的家人，与他们断绝来往。有时候，两个并未从各自家庭独立出来的人结为连理，结果他们都会夸大与各自家庭的种种联系。当他们说"我家"的时候，指的是自己的父母家。如果他们还认为父母是家庭生活的中心，那么他们就无法建立自己真正的家庭。这个问题和每个所涉及的人的合作能力有关。有时候，公公婆婆心存嫉妒，对儿子的大事小情都要打听，给新夫妻发展家庭关系造成困难，妻子觉得自己没有受到应有的重视，对公公婆婆的干涉恼怒、不满。这种情况尤其多地出现在男方父母不赞成这桩婚姻的情况。男方的父母可能对，也可能错。儿子结婚前，如果他们反对儿子的婚事，尽可提出来；然而一旦已经结婚，那么他们应该只做一个选择——尽全力帮助新夫妻关系和谐。如果双方父母意见不合无法避免，那么作为丈夫的一方应该理解这个情况，但不必为此焦虑。他应该把父母的反对视为他们的错误，向父母证明自己的选择是对的。夫妻不必因父母之命而违心让步；当然，如果双方家庭能够彼此合作，妻子感到公公婆婆不是为他们自己的利益，而是为她的利益着想，事情就会容易、轻松很多。

一位父亲最受人期待的地方就是解决工作的问题。他必须接受过和职业相关的教育或训练，能够养活自己和自己的家庭。关于养家，也许以后男性会得到妻子的帮助，或者孩子的帮助，然而在当今社会文化中，经济责任的重担主要还是落在男性的肩上。要承担这个重担，意味着男性必须工作、有勇气，掌握自己的职业，了解自己职业的利弊，和同事合作，赢得大家的好评。不仅如此，男性对职业的态度还意味着更多，还意味着他的职业态度是为自己的孩子面对将来的职业问题做准备。因此，他必须找到应对职业这个限制的正确解决方法——找到对人类社会有用、对人类福祉有贡献的职业。然而，某个工作是否对社会有用，他个人的看法并不重要，重要的是这个工作本身必须有用。我们不用听他个人的看法。例如，即使他认为自己是利己主义者，不愿为社会做贡献；然而他从事的工作本身对人类福祉有益，那么他的个人看法并不要紧。

接下来，我们要面对的是另一个限制：爱情和婚姻，以及通过婚姻建立幸福、对社会有用的家庭生活。这一点上对丈夫的关键要求是他必须对妻子感兴趣，而这个很容易观察得到。如果丈夫对妻子感兴趣，那么他也会对妻子的喜好感兴趣，让两人共同的福祉成为自己自发的目标。两个人的亲密关系不仅能证明丈夫的兴趣，亲密关系的种种表现还能证明家庭生活各方面顺利、和谐。丈夫必须成为妻子的伙伴，必须致力于让妻子的生活轻松丰富，必须以取悦妻子为己之幸福。只有当夫妻双方都把共同福祉置于自己利益之上，真正的合作关系才会产生。配偶双方都应对对方比对自己更感兴趣。

在孩子面前，丈夫不应对妻子显示出太露骨的亲密行为。当然，夫妻之爱和对孩子的爱并没有可比性，这两者截然不同，也不应相互取代。然而，有时候当父母之间表现得特别亲密，孩子会觉得自己和父母的亲密关系受到压迫和威胁。孩子会嫉妒，想要让父母生出嫌隙。另外，对和性有关的内容也不能掉以轻心。因此，需要向孩子解释性这个话题时，最好是母亲对女儿，父亲对儿子。父母都要谨慎，不要主动提供过多信息，只解释孩子想知道的部分，并且要用适合孩子年龄的语言和方法解释。我相信，当今有一个趋势，那就是给孩子提供过多超出他们理解能力范围以外的性知识，引起孩子不适合其年龄的兴趣和感觉。结果，性的严肃性被大大降低，成了可以随意对待、无足轻重的小事。和以前对孩子闭口不谈性或用谎言解释性相比，这个现状并不是进步。最好是了解孩子想知道什么，只回答孩子思考的问题，而不是按照我们自己的标准，把自认为每个人都应知道的性知识强加给孩子。我们必须赢得孩子的信任，让孩子感受到我们是想要和他合作，真心想要帮助他找到答案，秉承这样的动机就不会出现大错。附带提一下，有些父母害怕孩子从其他孩子那里听到和性有关的有害内容，这个担心其实没什么道理。一个在合作和独立方面训练良好的孩子，不会因小伙伴的谈论而变成坏孩子。通常，这方面孩子比大人还更加思考周到。"道听途说"不会对不愿意接受错误观点的孩子造成伤害。

当今社会中，男性比女性有更多机会体验社会生活，得到更多知识，了解社会结构以及其中的利弊、了解自己国家的道德体系，甚至全世界的情况。很不幸，男性的社会活动范围依然远远大于女性的社会活动范围。因此，男性应该成为妻子和孩子在这些问题上的协助者，而不是因为自己的社会经验更多就夸夸其谈，就看不起妻子和孩子。他不是家庭教师，他应该像对好朋友那样提供咨询和想法，避免引起对方的反感。如果妻儿同意自己的想法，他要感到快乐。如果妻子不同意，可能是因为她没有受过良好合作的训练，那么丈夫也不应固执己见，不应使用权威手段，而应该采取其他方式消除妻子的反对。战争不会带来胜利。

家庭中金钱不应被过分强调或成为争吵的原因。不挣钱的妻子对这个话题通常比丈夫更敏感，批评她们铺张浪费，会让她们深感受伤。财务问题应该通过合作的方式在家庭经济能力范围内得以解决。妻子和孩子都不应找任何理由迫使丈夫（父亲）支付经济能力以外的财务开支；从一开始，家人之间就应达成有关财务开支一致的意见，这样既不会有人过分依赖，也不会有人受到亏待。父亲不应该认为他可以只凭金钱保障孩子的未来。我曾经读过一个非常有趣的小册子，作者是一个美国人，他讲述了一个很富有的男人的故事，这个男人出身贫寒，后来成了富翁。他希望保障子孙后代不受贫穷困扰，于是请了一位律师，问律师怎么才可以实现自己的愿望。律师问他想要保障几代后世子孙。这个男人想了想说，10代应该可以。律师说："你可以做到。但是你意识到了吗，这10代子孙的家庭中，每个人身上又流着500位祖先的血，就像你一样。这500个其他家庭的人也可以声称是你的后代。那他们到底是不是你的后代呢？"通过这个例子，我们能再次看到，不论我们为自己的子孙后代做什么，其实都是在为整个社会做出贡献。我们无法脱离与其他人的联结。

如果家庭中没有权威者，就会有真正的合作。关于孩子教育问题的每件事，父母都应共同努力达成一致意见。最重要的是，父母都不应对家中任何一个孩子表现出偏爱。偏爱给孩子带来危险，这并非夸大其词。孩子的沮丧几乎都可以追溯到其认为父母更偏爱其他孩子。孩子这样的想法未必客观真实，但如果家里有真正的平等，就不会出现引发这样感觉的情况。例如重男轻女的家庭中，女孩子必定不可避免地出现自卑情结。孩子十分敏感，即使最好的孩子也可能会产生错误信念，认为父母更偏爱其他孩子。有的时候，某个孩子身心发育更快更好，比其他孩子更惹人喜爱，让父母不表现对这个孩子的喜爱之情，这确实很难。然而即便如此，父母也应该具有足够的经验和智慧，避免表现出来。否则，发育更好的孩子会使其他孩子蒙受阴影，感到沮丧；他们会心生嫉妒，怀疑自己的能力，他们的合作能力会遭受挫折。只是嘴上说自己不偏爱孩子并不够，父母应该仔细观察所有孩子，留心孩子们心中是否存有对父母有可能偏爱谁的顾虑。

现在我们要讨论家庭关系中另一个同等重要的合作关系，即孩子们之间的合作。只有孩子们觉得相互平等，才能为人类的社会兴趣做好准备。只有男性与女性平等，两性关系的巨大困难才能避免。人们常问这个问题："为什么同一家庭的孩子差别却那么大？"有些科学家用遗传因素解释，但我们认为这样的解释是迷信。让我们用小树成长来比喻孩子的成长。一群小树在同一片土地上成长，但其实每棵小树都有自己独特的环境。当一棵小树因为得到较多阳光和土壤营养而长得更高，那么它的成长会影响其他小树。这棵小树给其他小树造成阴影，它的树根伸展得更广，夺走其他小树的土壤营养。其他小树就会因土壤营养不良而使成长受阻。家庭中，如果其中一个孩子过分突出，也是同样的道理。我们前面已经说过，父亲和母亲不应该在家庭中占有格外突出的位置，如果父亲格外成功或者才华横溢，那孩子们可能会认为自己永远无法和父亲比肩。他们的成长过程充满沮丧，对生活的兴趣因此受到抑制。正是这个原因，有些知名人士的子女反而令他们的父母和社会失望。在孩子眼里，不论他们怎么努力，也无法超越父母。如果父亲事业成功显赫，那他不应该在家里强调自己的成功，否则孩子的发展会因此受到阻碍。

同样道理也适合孩子之间。如果一个孩子发展特别良好，他自然容易得到很多的关注和喜爱。他自然喜欢这样的情况，然而其他孩子却能感受到区别，甚至有可能心生愤恨。没有人心甘情愿屈居他人之下，心怀不满十分正常。这个受到格外优待的孩子会给其他孩子带来负面影响。如果说其他孩子在"精神饥饿"的状态下成长，也不是言过其实。他们会一直追求优越感，并且这个追求永不会消退，只是他们的追求可能会向着不现实或对社会无用的方向。

个体心理学在探索孩子出生顺序的利弊方面，拓展出十分广阔的研究领域。为了方便理解，我们设定孩子们的父母为了养育孩子尽心尽力、合作良好。家里孩子的不同位置依然带来巨大差异，每个孩子的成长情况依然不同。我们需要再次强调，即使同一个家庭中的两个孩子，也不是在完全相同的情况下长大。所以每个孩子对自己环境的适应结果，都会在他们的生活模式中体现出来。

每个排行老大的孩子都经历过自己是家中独子的时光，并且都要忽然面对第二个孩子出生的新情况。第一个出生的孩子通常都得到过很多关注和宠爱。他习惯成为家庭中心。经常出现的情况是,第一个孩子对第二个孩子的来临几乎没有什么心理准备,觉得十分突然,自己的位置改变了,家里又多了一个孩子,他不再独一无二。现在他必须和一个对手分享爸爸妈妈的关注和爱。这个改变对孩子的影响十分重大,我们常常发现,在问题儿童、精神疾病患者、罪犯、酗酒者、精神变态者身上都可以追溯到这一点。他们是家中长子,对次子的出生深感困扰,那种权力剥夺感塑造了他们的生活模式。

其他孩子也可能因为同样的原因丧失自己原来的位置,但都不如长子感受强烈。因为其他孩子在不同程度上已经经历了与他人合作,而且他们从未是家中唯一关注的中心。对长子来说,有了弟弟妹妹,这是翻天覆地的变化。如果他拒绝新生儿的到来,我们可以推断他不可能轻易接受自己的新位置。如果他愤恨不满,也不应被指责怪罪。然而,如果父母让孩子对父爱母爱感到安全,让孩子明白他在家里依然无可取代,并且最重要的,如果父母帮助孩子为新生儿的到来做好准备,训练孩子以关爱的方式合作,那么这个改变就不会给孩子造成恶劣影响。但是通常长子没有做好准备,新生儿确实夺走了父母的关注、爱和赞美。于是长子就会想方设法把妈妈拉回自己身边,想方设法再次得到妈妈的关注。有时候我们能看到这样处在拉锯战中的母亲，两个孩子都想方设法比对方得到更多关注。通常长子更擅长硬来，能想出更多新点子。我们能猜到他可能会用哪些方法。如果我们处在同样的情形中，可能也会采取和长子同样的方法。我们会让妈妈担心，和妈妈对抗，发展出一些妈妈无法忽视的性格特质。孩子也一样。然而最后，妈妈会觉得精疲力竭，因为孩子几乎每时每刻都用各种方法找麻烦。妈妈不厌其烦，失去耐心。这时孩子真的感受到没人爱他了，他为了得到妈妈的爱而抗争，结果却真的失去了妈妈的爱。开始，他觉得自己被遗弃，因此采取各种手段，可是这些行为的结果却是他真的被遗弃。这时他会觉得自己开始的信念是正确的："我早就知道！"其他人都是错的，只有他正确。这就好像陷入了一个怪圈：他越反抗竞争，他的位置越糟糕。他对失去自己原来位置的信念被证实。那么，当所有证据都证明他的信念是对的，他怎么可能放弃竞争？

每个类似这样的竞争的事例中，我们都必须深入研究每个人的具体情况。如果妈妈对孩子予以反击，那么孩子就会变得脾气暴躁、粗野、挑剔、叛逆。当他和妈妈处于敌对状态时，爸爸通常会介入，给孩子提供恢复受宠地位的机会。孩子开始对父亲更有兴趣,竭力获取父亲的关注和爱。通常长子比较偏向父亲,站在父亲一边。如果一个孩子偏向父亲,我们几乎可以推断这是孩子与父母关系的第二阶段:最开始孩子偏向的是母亲,现在由于第二个孩子的降生,他转向了父亲,以表达和母亲的对抗。如果一个孩子更喜欢父亲,我们大致知道他之前可能有过负面经历,他感到被忽视、被冷落;他忘不了这个感觉,整个人生模式也建立在这个感觉上。

这样的抗争通常持续很久,甚至一辈子。孩子已经被训练为习惯争斗,习惯对抗,他会在所有情景中用争斗和对抗来做出反应。可能他的生活中完全没有和他分享兴趣的人。于是孩子会觉得无助绝望,认为自己永远不可能得到关爱。我们会看到孩子发展出暴躁易怒、少言寡语、难以合群等个性特质。孩子训练自己孤立于他人,他的一言一行都指向过去——他曾经是家庭中心的过去。基于这个原因,长子通常会用这样或那样的方式,表现出对过去的兴趣。他们喜欢回顾和谈论往日。他们留恋过去,却对未来悲观。有时候,当孩子失去了自己在那个小王国里的统治位置后,他开始更加理解权力和权威的重要性。长大成人后,他喜欢参与和权力有关的事情,过分强调法规的重要性，认为每件事情都应该严格遵照法律和规定，且所有规定不可更改；认为权力应该永远掌握在所谓有资格的人手里。我们不难看出，童年的经历让这些人成为强烈的保守主义者。这类人建立了自己的权力地位后，总会疑心有人会赶超他们，取代他们的位置，把他们拉下宝座。

长子的位置带来特殊的问题，但这个问题可以解决，而且还能带来益处。如果在第二个孩子出生前，长子已经被训练了合作之道，那么他就不会受到伤害。在很多长子身上，我们也看到保护他人、帮助他人的特质。他们模仿自己的父母，有时甚至承担父母的一部分职责照顾弟妹、教育弟妹，为弟妹获得良好发展负责。有时候他们还发展出善于组织、井井有条的出色才干。这些都是正面的例子，然而有时候对他人的保护也可能被过度强化为让他人依赖自己、统治他人。根据我在美国和欧洲的经验，很多问题孩子都是家中的长子，后面有个年龄相差不大的次子。极端的地位造成了极端的问题，这是个有意思的现象。我们目前的教养方式还没有成功地解决长子遇到的这些难题。

次子在家中的位置很特殊，和其他孩子都不同。从他出生那一刻起，他就已经在和另一个孩子分享父母的关注，因此他比长子更容易合作。他的成长环境中有好几个人，如果长子不敌视和欺凌他，那么次子的境遇相当良好。次子的位置最特殊之处在于：他一生都有一个竞争者。他前面有一个年龄比他更大、发育阶段比他更靠前的长子，因此他被刺激要赶上对方。典型的次子很容易被辨认出来。他的行为表现使他看上去仿佛是在竞赛中：前面有个领先一两步的人，他必须加快速度赶超对方。他总是全力以赴，他总在训练自己超越兄长（或姐姐）。《圣经》中有很多非常经典的故事和这个心理学论断相关，其中关于次子的典型就是雅各（Jacob）的故事。雅各希望超越哥哥以扫（Esau），打败他、取代他的地位。与长子相比，次子通常更有才能，更加成功。我们并不认为这是遗传所导致的，而是因为他得到的训练更多，使他得以超越、前进。即使将来长大成人，他离开家庭，也通常会给自己找到一个竞争对手；并时常将自己与这个他认为更具优越地位的人做比较，然后想尽办法超越他。

我们不仅在白天清醒时会看到这样的性格特征，即使在晚上睡梦中也能看到，因为这个性格特征表现在所有言行和思维中。例如，长子经常做从高处跌落的梦。他们高高在上，却不能保证自己的地位永远不变。另一方面，次子经常梦到自己处在竞赛中，或者在火车后面奔跑，或者在进行自行车比赛。有时候，这样的梦境本身就能帮助我们推断做梦者是家中次子。

即便如此，我们也必须强调，上面这些并不是放之四海而皆准的固定的判断标准。有些时候，不是长子的孩子，却可能表现得像长子。除了出生顺序以外，一个人所处整体环境在其性格方面也起决定作用。在人数众多的家庭中，也有可能后来出生的孩子表现得更像长子。例如，一个家庭中的老大和老二先后出生，年龄相差不大；过了好几年，第三个孩子出生了；然后老四、老五也先后出生。这时，老三很可能表现出家中长子的特征。同样的情形，次子的特质也可能有所表现，第四个、第五个孩子可能表现出次子的性格特征。另外，当两个孩子关系很近，与家中其他孩子相对疏远时，这两个孩子身上总会分别表现出长子和次子的特征。

有时候长子在竞争中败下阵来，可能会开始制造麻烦。或者长子保住了自己的地位，"击败"次子，那么次子则可能开始制造麻烦。如果排行老大的是男孩儿，排行老二的是女孩儿，长子的处境则尤为困难，因为男孩儿可能面临着被女孩儿打败的危险。而在我们当今的文化中，这被认为十分丢脸。一个男孩儿和一个女孩儿之间的矛盾比两个男孩儿或两个女孩儿之间的矛盾更为紧张。这样的竞争中，女孩儿较有优越感，因为在生命的前16年里，女性的身体和头脑发育比男性更快。结果很可能是，男孩放弃，变得沮丧懒惰。他会不择手段攻击对方，比如恶作剧、夸口、撒谎等。这样的情况下，我们可以保证女孩肯定会赢。我们能看到男孩儿采取的都是错误的方法；而女孩则用轻松的方式应对困难，并取得惊人的进步。这样的难题可以解决，但我们必须事先了解危险所在，在伤害出现之前就采取措施。只有家人都以平等关系保持团结、秉承合作之道，而不是相互敌对，不认为需要打败某个对手，就能避免不良后果。

家里孩子多的家庭所有孩子都有弟弟妹妹，都会被拉下宝座，除了最小的孩子。他没有弟弟妹妹，却有很多竞争者。他是家里的宝宝，可能也是最受宠的那个。他面临被宠坏的危险，但又不完全是，因为他的环境里充满刺激和竞争。经常出现的情况是，最小的孩子以超乎寻常的方式发展，比其他孩子都快，超越所有人。人类历史上，最小孩子的地位并未改变过。从最古老的故事里，我们都能看到最小的孩子如何超越其他人的记录。《圣经》中总是最小的孩子成为征服者。例如约瑟（Joseph）是雅各与拉结最小的孩子，排行十一；他17岁的时候，排行十二的儿子便雅悯（Benjamin）出生了；但便雅悯对约瑟的成长没有影响。约瑟的生活模式仍然是典型的最小孩子的那种。他总是坚定维护自己的优越地位，即便是在梦中亦是如此。他人必须向自己弯腰垂首，他的光芒遮蔽所有人。他的10位兄长对他的梦很了解，因为约瑟与他们朝夕相处，而且他的态度十分明显。他们也能感受到约瑟在梦中的感觉。他们惧怕他，因此想要除掉他。约瑟虽然是最小的孩子，但却成了最领先的人。后来他成为家里的顶梁柱，支持全家，这并不让人意外。人们了解最小孩子的潜力，还有很多类似的故事。事实上，约瑟作为最小的孩子有很多优越条件，得到母亲、父亲、兄长们的帮助。这些外界条件的刺激激发了他的雄心和努力，而且身后也没有想要超越他、干扰他的人。

然而，我们却看到问题孩子的第二大来源就是最小的孩子。这通常是因为全家都宠爱最小的孩子。被宠坏的孩子永远学不会独立。他丧失了通过自己努力取得成功的勇气。最小的孩子可能很有雄心，然而最有雄心的孩子通常也是最懒惰的孩子。懒惰是因雄心壮志而困惑和丧失勇气的结果，雄心壮志大到自己都看不到成功的希望。有时候，最小的孩子不承认有任何雄心，这其实是因为他希望自己几乎在任何事上都超越别人，期望自己能力无限、独一无二。如果我们从最小的孩子经受的自卑感角度思考，就不难理解这一点。毕竟他生活中每个人都比他年长、比他强壮、比他经历得更多。

独生子也有自己的问题。他也有竞争对手，但不是自己的兄弟姐妹。他所认为的竞争对手是自己的父亲。通常独生子会受到母亲的宠溺，后者害怕失去儿子，希望他永远在自己的关注之中。结果独生子会发展出所谓的"母亲情结"，他被系在母亲的围裙上，竭力想把父亲推出家庭。这个难题也可以解决，只要父亲和母亲携手致力于帮助孩子发展对父母双方的兴趣。然而大部分时间，父亲和孩子在一起的时间不如母亲和孩子在一起时间多。偶尔，也会出现长子表现得像独生子：想要征服父亲，喜欢和比自己大的人相处。独生子常常很害怕有弟弟妹妹。亲朋好友们如果说"你应该有个小弟弟或小妹妹"，他对这样的话深恶痛绝。他希望自己永远是注意力中心，他真心认为这是自己应有的权力。如果自己的地位被剥夺，则会是极大的不公平。将来当他不再是生活中心时，会遇到很大困难。独生子在其生活中可能还会遇到一个危险，那就是他可能出生在令其胆小畏怯的环境里。如果确实由于生理原因父母不能生育，那唯一要做的努力就是力图克服独生子可能遇到的困难。然而我们经常发现，很多独生子家庭，父母完全可以生育更多孩子，却选择不再生育。这通常是由于他们胆怯悲观，认为自己无法承担养育更多孩子带来的经济负担。这样，独生子也会受到悲观、焦虑、胆怯的家庭氛围的负面影响。

如果两个孩子出生时间间隔较长，那么其中任何一个孩子都可能表现出独生子的特质。这个问题并不好解决，我经常被问："你觉得两个孩子相差几年出生最好？""两个孩子年龄应该相差较小还是较大？"根据我的经验，我认为较好的年龄差距是 3 年。因为 3 岁的孩子，可以在弟弟妹妹出生这件事上学会合作。他们的心智发展到可以理解家里容得下多个孩子。如果孩子只有一两岁，他通常无法理解，父母很难和孩子讨论。因此，父母也很难帮助孩子做好合适的准备。

在姐姐妹妹中长大的独生子面临一个很大的难题：他处在几乎全是女性的环境中。通常父亲大部分时间不在家里，他见到的是妈妈、姐妹，以及女佣。他能感到自己的不同，很容易自我孤立。尤其当家里的"女人们"联合起来对付他的时候更是如此。她们认为这个男孩儿应该被所有人教育，或者想证明他没什么好骄傲的。家庭里弥漫着抗拒和敌意的氛围。如果他排行中间，这可能是最糟糕的情况——腹背受敌。如果他排行老大，则面临被女孩子们超越的危险。如果他排行老幺，则很可能被塑造成一个玩具般的男孩子。在姐妹中间长大的唯一男孩儿，通常不太招人喜欢。这个问题也可以解决：让家里的孩子们分担责任，让男孩儿和家人之外的孩子们相处。否则的话，被女孩子们包围，他可能会变成"娘娘腔"。全是女性的环境与男女混合的环境相当不同。如果一个房子不是标准装修，而是根据居住者的爱好和品位，我们几乎可以断定，女性居住的房子会干净整洁，井井有条，颜色布置等都是精心选择，很多微小细节都被关注到。如果是男性居住的房子，整洁程度会大大降低，乱七八糟，喧闹嘈杂，家具破损。那么在女孩儿中间长大的男孩儿，势必会带有女性化的爱好，对生活有女性化的看法。

但是反过来说，他也可能强烈反抗家中的女性气氛，极度重视自己的男子气。他会总是很警惕，不要被女人控制。他会认为需要时刻维护自己的不同之处和优越条件，但这样家里也总会有紧张气氛。他的发展容易出现两极化，要么十分强悍，要么十分软弱。孩子成长的环境本身，值得仔细研究和讨论，在我们下结论之前需要研究大量案例。同样，在男孩儿中间长大的唯一女孩儿，也容易发展得要么十分男性化，要么十分女性化。生活中，这样的女孩儿容易一直感到不安和无助。

我研究成年人案例时，总能看到童年的早期影响持续一生。一个人在家庭中的位置给其生活模式带来不可磨灭的影响，给他留下无法抹去的痕迹。他在生活中遇到的所有困难都是因为在家庭中与其他家庭成员相互竞争、缺乏合作。如果我们环顾自己的社会生活，你可能会问自己：为什么竞争对我们的影响如此之大？——确实如此，不仅我们的社会生活，全世界都是如此——这样我们就会意识到，人们总是想要成为征服者，征服、超越别人。这是童年教养的结果，是因为孩子们在家里所感受到的不是平等，而是竞争、超越。要想避免这种危害，唯一的办法就是教会孩子更好合作。

VII. School Influences

第七章
学校的影响

学校是家庭的延长。如果孩子仅靠父母的教育就能用恰当的方式解决生活难题，那就没有学校教育的必要了。有些社会文化中，儿童在家里接受全部教育。例如，手艺匠人把从父辈那里学来的手艺加上自己的经验手把手传授给儿子。但是我们当今的文化对教育的要求更加复杂，因此需要学校减轻父母的教育负担，将家庭教育延伸至学校。当今的社会生活需要我们在学校接受比家庭更高水平的教育。

美国的学校虽然没有像欧洲的学校那样经历教育发展的所有阶段，但我们仍然时常看到传统权威教育的痕迹。在欧洲教育历史的早期，只有王公贵族子弟才能接受学校教育，他们被认为是社会中唯一有价值的成员，其他社会成员被视为应该安于出身、俯首顺从。后来社会的限制被扩大，宗教机构承担了教育工作，少数被选中的普通社会成员可以接受宗教、艺术、科学和其他领域的专业教育。

工业技术开始发展后，之前的教育方式开始跟不上需求。人们急迫需要更广泛的教育。乡村、城镇开始成立学校，通常由皮匠和裁缝担任教师。他们上课时手里经常握着教鞭，教育成果乏善可陈。那时，学生只能在宗教学校和大学接受艺术和科学教育，有时候甚至皇帝本人都不会读写。而后来，工人都需要会读能写、懂得加减法等运算，公立学校就这样形成了。

但是，这些学校都依照政府的理想而建立。那个时代的政府建立学校的目标是培养顺从的学生，为上层社会的利益服务。学校的教材也依此目标编写。我记得奥地利历史上曾经有段时间也是这样，那个时期对平民的教育是让他们服从，使得他们甘愿接受自己的社会地位。然而，这种教育的弊端越来越多地显现出来。自由不断发展，工人阶级越来越强大，提出更多要求。公立学校开始为满足这些要求做出调整。现在，很普遍的教育理念是孩子应该学会为自己思考，应该被赋予机会学习文学、艺术、科学等，应该让他们在全部的人类文明中成长并做出贡献。我们不再希望教育孩子只是为了让他们学会赚钱或学会一门手艺以便在工厂里谋个工作。我们想要的是能为了共同利益一起并肩工作的伙伴。

不论他们是否有意识，所有建议教育体制改革的人的目标其实都是寻求增进社会合作程度的方法。例如，人格教育（Character-Education）背后就是这个目标。如果我们从这个目标的角度权衡，能很清晰看到这是正确恰当并对社会有益的要求。然而，综观教育整体，这个目标并未被充分了解。我们必须寻找不仅教孩子挣钱还教孩子为人类福祉做贡献的老师们。他们理解自己工作的重要性,而且还接受恰当的训练以便能够做好这个工作。人格教育眼下仍在试验阶段。我们先不需要严格检验它的实际效果——目前人格教育还不够全面和系统。但是,现有学校教育的成果也不令人满意。家庭教育失败的孩子进入学校,尽管教师们对他们进行了大量说教和训诫,但他们的问题并没有消失。由此可见,最好的方法就是训练教师理解孩子的发展特点、帮助孩子获得良好发展。

这是我工作中的主要部分。我相信维也纳的很多学校在这方面相当领先。在其他地方的学校里,通常是学校的心理辅导员和问题学生见面,然后给出建议。可是,除非学生的授课老师同意心理辅导员的意见,而且还明白如何具体实施心理辅导员的建议,否则这些意见和建议并没有实际效果。心理辅导员一周和学生见一次面(或者见两次面,甚至天天见面),可他并不真正了解学生的环境、家庭、家庭以外的情况以及学校等带给学生的影响。他可能写出建议说学生应该得到更好的养育,或者检查甲状腺发育等等;也可能建议授课老师应该对学生进行一对一的辅导。但是,授课老师对于建议的目标并不清楚,而且也没有避免错误的经验。如果不了解孩子的心理特点，授课老师其实什么也做不了。授课老师需要和心理辅导员密切合作。授课老师应该了解心理辅导员了解的一切信息，只有这样，对学生的问题讨论之后，授课老师才能自己开展接下来的工作，而不需他人协助。如果出现意外情况，即使没有心理辅导员在场，授课老师也应该知道如何正确处理。目前看来，最实用的是"顾问会议"（advisory council）这个方式，我们已经在维也纳普遍使用。我将会在本章结尾详述。

当一个孩子初次踏入校门，他面临的是生活的新考验，而这个考验会展示他生活模式中的错误。和以前相比，进入校门后，他必须在更大程度上与人合作。如果他在家里备受宠溺，很可能会拒绝放弃自己的家庭生活方式，拒绝在学校里和其他学生合作。通常上学第一天，我们就能在被宠坏的孩子身上看到他们缺乏社会兴趣。他们很可能大哭，想要回家。他们对学校和老师没有兴趣，听不进去老师的话，因为他们脑子里只想着自己。显而易见，如果他们只对自己感兴趣，就会落后于其他学生。我们经常听到父母说他们的孩子在家里完全没问题，只有到了学校才出现意外情况。我们据此可以推断，这样的孩子在家里位置优越。家庭生活中没有考验，他们生活模式中的错误没有呈现出来。然而，到了学校以后，他们不再受宠，会觉得自己被打败了。

有个孩子在上学第一天，除了嘲笑老师的每句话，什么都不做、什么都不听，对学校完全没兴趣。人们认为他可能是智力低下。我见到他，问他："大家很好奇，为什么你总嘲笑学校？"他回答："学校就是父母搞出来的笑话，他们把孩子送进学校，要把我们搞成傻瓜。"这反映出他在家里可能也经常被讥笑，他认为每个新环境都是与他为敌的笑话。我向他指出，他对保护自己的尊严太紧张了，并不是每个人都想愚弄他。因此，他可以放心对学校生活感兴趣，并取得进步。

教师的职责是注意到学生的困难，并纠正父母的错误。老师们会发现，有些学生已经为更广阔的社会生活做好准备，他们在家里已经接受了对他人感兴趣的培养和训练；而有些学生则不是这样。一个人只要没有做好迎接困难的准备，他就会犹豫、退缩或逃避、放弃。那些退缩、逃避但智力并不低下的学生，其实是在社会生活困难面前不知所措的人，而教师是最适合帮助学生解决新环境中难题的人。

但是，教师要怎么帮助学生呢？他（她）必须像母亲那样——和学生产生联结，对学生真正感兴趣。学生接下来需要做出的适当调整都建立在教师对学生的兴趣之上。教师绝对不能使用严厉的惩罚来促使学生调整。假如一个学生入学后发现自己很难与老师和同学建立联结，这时候最糟糕的处理方式就是责备和批评他。这样的方式只能无比清晰地向学生证明：他有足够理由不喜欢学校。我可以承认，假如我是个孩子，在学校总被责备和批评，我肯定让自己离老师越远越好；我肯定会另寻途径，甚至逃避上学这件事。那些逃学、捣蛋、顽劣、挑战的学生，其实恰恰是因为上学在他们眼里是件极不愉快的事情，而这背后却是人为的原因。他们并非愚笨，恰恰相反，看看他们编造的逃学的理由、模仿家长签字的技能，就知道他们有多聪明。而且在学校之外，他们还找到其他志同道合的逃学伙伴。这些伙伴给他们的欣赏可比学校多多了。在这个圈子里，他们感受到别人对自己感兴趣；他们验证自己价值感的地方不是学校，而是这样的圈子和团体。从这里我们可以看到，当孩子没有被作为班级整体一分子被接纳时，他们只好转向胡作非为之路。

如果教师热忱地对学生有兴趣，他（她）会明白学生在上学之前的兴趣所在,并且能令学生相信,他们也能在新环境里成功地对学校和同学们产生兴趣。当学生在某一点上有自信,就能很容易激发他在其他事情上的自信。因此,从学生入学开始,我们就应该理解学生的世界观是怎样的,学生哪方面的感官最强,受到的训练最多。有些学生是视觉型,有些学生是听觉型,有些学生则活泼好动。视觉型的学生对使用眼睛的内容有兴趣,例如地理或绘画。那么如果教师总是说、讲,这样的学生会听不进去,他们不习惯听觉学习。如果不给他们机会使用视觉进行学习,他们就会落后,然后人们会以为这是因为他们没有天分或学习能力差,或者归咎于遗传基因。如果真的要为学生落后而指责某人,那么没有找到正确的内容吸引孩子兴趣的家长和教师更应被指责。我并不是说,每个孩子都要接受个性定制的特殊教育,但是孩子在某方面的强烈兴趣应该被利用,并用以引导孩子发展其他兴趣。当今,有些学校的学科教育会调动学生的所有感官。例如,有些学校在教学中结合雕塑、绘画等方式。这样的方式应该得到鼓励和长足发展。最佳的教育是将教学与未来生活紧密结合,帮助学生看到教育的目标,以及他们所学内容在生活中的实际价值。有个问题常被提及:是应该教授学生学科知识、重理论，还是教会他们进行实际思考、重实践？在我看来，这个问题是严重的对立二元化思维。这两种教学完全可以结合在一起。例如，教数学这门学科的时候，可以结合盖房子这个实践，让学生使用所学理论知识，自己思考需要使用多少木料、房子可以容纳多少人等这样的实践应用问题。类似的学科很容易相互结合，我们也很容易找到跨领域的专家和教师。再例如，老师可以将学生带到户外，探寻学生最感兴趣的是什么。同时还可以教学生识别不同植物、植被类型，学习生物进化、植物用途、气候影响、地貌特征、人类历史等生活中方方面面的知识。当然，这样教学的前提是确定老师对学生有由衷的兴趣。没有这个先决条件，我们便无法期待这样的教学。

在当今的教育制度下，我们通常看到，孩子们开始学校生涯时更多是为竞争做准备，而不是为合作做准备，而且竞争训练贯穿整个学校生涯。无论孩子是勇往直前、竭尽全力击败其他孩子，还是缩在后面、放弃斗争，对孩子来说都是一场灾难。不管哪种情形，他都只对自己感兴趣。他的目标都不是贡献与合作，而是竭力保障自己的地位。正如家庭应该是一个整体，每个家人都是整体的一部分，班级和学校也应如此。如果学生们接受的是这样基于整体的训练,他们会对其他人感兴趣,会乐于合作。我看到很多所谓的"问题学生"通过对他人的兴趣和合作,发生翻天覆地的好转。我特别要提到一个孩子,他来自一个充满敌意的家庭,因此他相信在学校里每个人也会跟他作对。他的学业很差,父母知道后在家里更严厉地惩罚他。这是十分常见的现象:学生成绩很差,先在学校被批评;成绩单拿回家后,又在家里被惩罚。在学校已经够糟糕了,在家里又双倍糟糕。难怪这个学生始终没有起色,给全班造成了坏影响。后来,终于有位教师理解了这个孩子和他的处境,他向全班解释为什么这个男孩儿相信大家都是敌人。然后该教师请全班同学列出很多原因,帮助说服这个男孩,让他明白其实大家都是他的朋友。整个过程和这个男孩儿的进步大大超出所有人想象。

有时候人们怀疑,孩子们并不能真的相互理解、相互帮助。然而我的经验却是,孩子之间的相互理解甚至比大人更好。有一次,一位母亲带着两个孩子(一个两岁的女儿和一个3岁的儿子)来到我的诊室。女儿爬到了桌子上,妈妈吓坏了,紧张得动弹不了,只能大喊:"下来!下来!"但是那个小女孩儿充耳不闻,依旧我行我素。而她3岁的哥哥说:"趴在上面别动!"小女孩儿马上从桌子上爬下来了。这个小男孩儿比妈妈更知道应该怎么办。

对于提高班级团结程度与贡献度，一个常见的提议是让学生自主管理。对于这个常识，我认为必须十分谨慎，要确定学生已经掌握了相关技能，并且是在教师的指导之下进行的。否则学生很容易将自主管理视作游戏，结果他们可能比老师更严厉、更苛刻；或者假公济私，谋求个人利益，打击异己，争权夺利。所以，尤其在起始阶段，老师的监督指导极有必要。

如果我们想知道孩子现阶段的心智、性格、社会行为的发展程度，不可避免地要对孩子进行这样或那样的测试。确实有时候这类测试，例如智商测试，可能会挽救一个孩子的命运。比如有个男孩儿的学业很差，老师想让他留级。他参加了智商测试，结果显示他智商没问题，有很大的改善潜力，于是他避免了留级。然而，我们必须意识到，我们永远无法测试预知一个人未来的潜力。智商测试只应该被用于成人了解孩子面临的困难，并就此寻找帮助孩子的解决方法。根据我目前的经验，如果不是智力真的低下，只要找到解答测试的正确方法，智商测试的分数就能提高。我已经发现，当孩子们对这样的测试熟悉以后，找到其中的规律，增加测试经验，他们的测试分数就会更高。智商测试不应被用于决定孩子的潜力、命运或遗传因素，以限制孩子未来的发展。

孩子自己和父母都不应知道智商测试结果。因为他们并不理解测试的目的，会把测试结果当作最终定论。教育中最大的难题，不是孩子面临的客观限制，而是孩子自己主观相信的限制。如果孩子知道自己的智商很低，他会变得无助和无望，相信成功遥不可及。我们的教育应该致力于对孩子产生兴趣、增长孩子的勇气，帮助孩子改变他对生活的错误信念，消除他对自我能力的限制。

老师给出的成绩单、总结等也是同理。如果教师的总结中对学生评价较低，教师可能相信这是激励学生更加努力的方式。可是如果学生的家庭教育严厉而苛刻，他会害怕把老师的总结拿回家。他会不敢回家，或者篡改总结，甚至在有的情形中还会选择自杀。因此，教师在写总结的时候应该进行长远思考。虽然教师不需要对学生的家庭生活和家庭影响负责，但他们必须至少考虑周到。如果学生的父母望子成龙心切，他们看到对孩子评价较低的报告，很可能会在家里大为光火，对孩子进行"再教育"。如果教师宽容仁慈一些，学生可能得到鼓励，会继续努力，迈向成功。当学生得到的评价总是很差，大家都相信他是最糟糕的学生,那么他自己也会相信这一点,而且还会相信这是无法改变的事实。然而,即使最差的学生也能变好。无数名人通过自己的经历证明在学校落后的孩子,能够通过恢复勇气和兴趣,勇往直前,做出伟大成就。

一个很有趣的现象是,学生们之间对彼此能力状态的评判其实十分准确,根本不需要学校的报告总结。他们知道谁擅长数学、拼写、美术、体育,能够清楚区分不同孩子。学生们经常出现的错误,是他们相信自己不可能有所改善。当他们看到别人比自己优秀,会很容易相信自己不可能超越对方。如果一个学生对这一点坚信不疑,他很可能将这个信念带入今后的成人生活。成人以后也会拿自己和别人进行比较,进而相信自己注定屈居人后。绝大部分学生的排名在整个学校生涯中几乎不变,名列前茅的总是名列前茅,中游的总是在中游,倒数的也总是排在最后。我们不应相信这是因为每个学生的天赋不同,这其实反映了孩子们对自己的限制、他们乐观和悲观的程度,以及行为活动的兴趣范围。我们都知道,即使排名最末的学生也能通过自己的努力有所改变,取得惊人的成就。学生们应该了解这种自我限制的错误,教师和学生都应该破除"正常儿童的发展程度与其天赋有关"这样的迷信。

教育中的所有错误里，相信"发展与天赋遗传有关"是最糟糕的错误。教师和家长以此为借口开脱自己的失误、逃避自己的责任，认为自己因此可以不需要为影响孩子付出努力。任何为了逃避责任为自己开脱的企图都应被反对。如果教育工作者相信智力和性格的发展与遗传有关，那么我看不到这样的人会在本职工作中做出成绩。反过来说，如果教育工作者相信自己的言行态度会对孩子产生影响，那么他肯定不会用遗传观点来逃避责任。

上述观点指的不是生理遗传。生理器官缺陷会遗传是毫无疑问的。我相信，只有个体心理学真正研究和探讨了生理器官缺陷对头脑和个性发展的影响。孩子能够在头脑中感受到自己的生理缺陷，并且会根据自己做出的判断，给自己的发展设限。影响思维的不是生理缺陷本身，而是孩子对这个缺陷的自我判断以及他据此给自己的限制。所以，假如一个孩子遭受到生理缺陷的不幸，那么十分有必要让他了解，他不必相信自己的智力和个性发展也会因此受限。前面章节里我们已经讨论过，同样的生理缺陷，既可以被视作更加努力取得成功的激励因素，也可以被视作制约发展的障碍，只是孩子赋予缺陷的意义有所不同。

当我最初发表上述结论时，很多人指责我的观点不具科学性，认为我的观点只是基于个人信念，与事实冲突。虽然我的结论、观点确实是基于我的个人经历，但是证明这个观点的证据却也在显著增加。当今，越来越多的心理治疗师和心理学家也从其他途径得出了相同结论。"遗传决定性格"越来越被认为是迷信之说。这个迷信已经存在了几千年。每当人们想要逃避责任，将自己的行为归咎给宿命论，这个遗传决定性格的迷信观点就会自然出现。简单地说，就是孩子自出生起已经注定是好还是坏。这样看，很显然这个观点十分荒谬。只有那些想要逃避责任的人才会坚持这个观点。是"好"还是"坏"，和其他个性特质一样，只有放在具体社会环境中才能判断，是在社会环境中训练的结果，是与其他人类伙伴相处的结果。这个判断，简单地说，就是"顺应他人的利益"还是"背离他人利益"。而孩子出生前，完全没有这样的社会环境。而出生后，他可能会朝着其中一个方向发展。他选择哪个方向，取决于他对周围环境和自己生理条件的印象和感受，以及他对这些印象和感受所做主观解读的结论。这尤其和他所受的教育息息相关。

心智功能的发展也是同样的道理，尽管这方面的证据还不完全清楚。心智发展的最大因素是兴趣。而我们看到，妨碍兴趣发展的不是遗传，而是丧失信心和对失败的恐惧。毫无疑问，人类的脑部结构因进化而来，但大脑只是思想的工具而已，而不是思想本源。只要大脑没有难以治疗修复的严重损伤，都能通过训练来弥补和改善心智发展的不足。

我们会发现，能力超群的背后并不是超群的遗传，而是长期的兴趣和训练。有些家庭好几代都出现了为社会做出贡献的杰出成员，即使这样，我们也不认为这是遗传所导致。我们更会推测，这是因为某个成员对其他家庭成员产生了激励作用，而且这个家庭的传统使得孩子们追随自己的兴趣并长期训练和践行。例如，伟大的化学家尤斯图斯·冯·李比希（Justus Von Liebig）的父亲是药房老板。我们当然不必认为李比希的化学能力来自遗传，而是看到他的成长环境给他提供了满足其兴趣的条件：当同龄孩子对化学一无所知的时候，他已经掌握了大量的化学知识。莫扎特的父母对音乐很感兴趣，但莫扎特的音乐才华不是来自遗传，而是父母也希望他对音乐感兴趣，并且给他创造了各种有利条件。从幼儿时期开始，他就在音乐环境中成长。我们经常在杰出人士的成长经历中看到这样的"早期开始"，例如，他4岁就开始弹钢琴，他小时候就给每个家人写了一个故事，等等。这些都反映了这些杰出人士的兴趣从很小便产生并持续很久。他们所受到的训练符合他们的天性，而且范围很广。他们保持勇气，没有迟疑和退缩。

如果教师自己相信学生的发展会受到限制，那么他就无法帮助学生消除已经形成的自我限制。假设一位教师跟学生说："你在数学方面没有天分。"这可能会让教师自己轻松，但给孩子的只有沮丧。我自己有过这方面的经历。上学时的好几年里，我是班里的数学差生，也相信自己缺乏数学天分。幸运的是，有一天我解开了一道数学老师都不会的难题，我自己也十分吃惊。这个成功扭转了我对数学的整体看法。以前，我对这门课已经丧失了兴趣和信心，而现在我开始享受数学，抓住每个机会提高自己的数学技能。自然而然，我成了全校数学最好的学生之一。我认为，这个经历帮助我看到所谓"与生俱来的天才"或"与生俱来的蠢材"这些理论的错误所在。

即使班级人数众多，我们也能观察到每个学生的区别。而且，比起认为学生们都大同小异来说，如果我们了解学生之间的区别，处理他们的挑战也会更加容易。但不论怎样，班级人数众多肯定是不利因素。有些学生的问题被遮蔽，很难得到正确处理。教师应该对每个学生都非常了解，否则他无法对学生们产生兴趣、与他们合作。我认为，同一位教师连续几年教同一班学生很有帮助。有些学校里，每6个月左右就换一位教师。没有任何一位教师有足够时间了解学生，看到他们的问题，跟随他们的发展。如果一位教师能和学生共处三四年，他就能容易发现和纠正学生生活模式中的错误，也能很容易把班级建设成合作团结的集体。

让学生跳级，通常弊大于利，因为他们可能因此背负很多无法达到的期望。如果决定让某个学生跳级，应该是因为他比其他同学年长或者发育更快。然而，如果像我们前面说的，班级是一个合作团结的集体，那么一个优秀学生会对其他同学产生有利影响。班级里的优秀学生，能够促使整个班级发展得更好。如果剥夺了其他同学的这个激励因素，则对他们不公平。我也要提一个建议，除了正常功课以外，还要给这些优秀学生额外的兴趣活动，例如画画。他在这些活动方面取得的进步，又会进一步激发其他学生的兴趣，鼓励他们进步。

如果让学生留级，则更不幸。教师们通常都认为留级生在学校和家庭里都是问题孩子。然而也不尽然，极少数留级生在新班级并不制造麻烦。但是绝大多数留级生依然学业落后、问题不断，不但同学、老师不看好他们，他们对自己的能力也很悲观。当今教育体系中一个很大的问题是留级制度依然被保留。有些教师利用假期时间帮助学生意识到他们生活模式中的问题，从而避免学生留级。当学生意识到了自己生活模式中的问题所在，他们就会在下一学期取得长足进步。的确如此，这是我们帮助后进学生唯一的办法——帮助他们看到在自我能力评估方面所犯的错误，这样他们就能挣脱自我限制，努力进步。

我观察了学生因优劣程度不同而被分到快班或慢班这一现象，注意到一个突出的事实——我的经验主要来自欧洲，不确定这个结论在美国是否同样适用——我发现慢班的绝大多数学生要么心智能力低下，要么来自贫穷家庭；而快班的绝大多数学生来自富裕家庭。这个现象很容易理解。贫穷家庭让孩子对其即将开启的学校生涯准备不足。通常家长面临很多困难：可能他们没有足够的时间帮助孩子，可能他们自己的教育水平不够高。即便如此，我依然认为没有做好准备的孩子并不应该被分到慢班。训练有素的教师知道如何弥补家庭在孩子准备方面的不足，让那些适应学校生活相对较慢的学生和准备良好的学生相处，更能够帮助他们进步。如果这些学生被分到慢班，他们其实很清楚原因；而那些分到快班的学生其实也清楚原因，他们会瞧不起慢班的学生。而这样的心态激发出来的一方面是挫败感，另一方面是对自我优越感的追求。

原则上来讲，男女生合校的主张应该得到支持。这样可以让男女生对彼此更加了解，更好地学习与异性合作。然而，如果认为混合性别教育就能解决所有问题，这又大错特错。混合性别教育也有其自身的特殊难题。除非我们清楚地意识到这些难题并用合适的方式加以解决，否则男女生合校的两性距离可能比单性别学校的两性距离更遥远。例如，其中一个难题是，16岁之前女孩儿比男孩儿发育更迅速。如果男孩儿不理解这一点，他们会很难维持自信，会认为自己被女孩儿轻松超越，感到非常挫败。今后的成人生活中，因为他们记得这样的挫败感，也会不敢与女性竞争。赞成混合性别教育、并了解其难题的教师，则能够利用这个教育体制，帮助学生克服困难，取得成功。然而如果教师自己不赞成、没兴趣，或者不了解，那么他肯定解决不了这个难题。另一个难题是，在混合性别学校中，如果学生没有得到恰当的教育和监督，就会出现性方面的各种问题。学校中的性教育非常复杂。班级教室不是进行性教育的合适场所,因为如果一位教师对着全班同学进行性教育,他根本无法得知是否每个学生都理解正确。可能教师确实引发了学生的兴趣,可是教师并不知道这个兴趣是否适合学生现阶段的状态,或者不知道学生如何使这个兴趣成为自己生活模式的一部分。当然,如果某个学生想要知道更多信息,并且私下问老师,教师应该提供诚实、直接的答案。这样,教师就有机会得知这个学生到底想知道什么,也能引导他得到正确方法。但是,在班级里经常讨论性这个话题则有很多弊端。有些学生会因此对性产生误解,认为性话题稀松平常,这对学生没有好处。

如果教师接受过关于理解孩子的训练,那么他就能很容易辨析不同类型的学生以及他们不同的生活模式。教师可以通过学生的言谈举止、观察和倾听他人讲话的方式、与其他同学的距离、是否容易交友、获得关注的方式、保持专注的能力等方面,来了解某个学生的合作程度。如果一个学生总是忘记做作业或者总是丢失课本,我们可以推断他对学业没兴趣,那么我们需要找出他没有兴趣的原因。如果一个学生不愿意加入其他同学,我们可以推断他孤单感很强以及他只对自己感兴趣。如果一个学生总需要别人帮忙,我们可以推断他缺乏独立意识,总想要得到他人协助。

有些学生只有被表扬、被肯定的时候才肯学习。很多被宠坏的孩子只要得到老师的关注，就会表现良好。如果他们失去了老师的宠爱就会制造麻烦。没有观众，他们就什么都不做，就对什么都没兴趣。通常，这样的学生在数学上会遇到困难，当老师要求他们背诵规则或公式时，他们都能出色完成，可一旦让他们自己解题就遭遇失败。这看起来似乎是个小瑕疵，然而正是那些总要求关注和帮助的孩子，给群体利益带来最大的危害。如果这个态度保持不变，他们成人以后也会如此，总是需要和要求他人帮助和关注他们。只要遇到困难，他们的回应总是强迫别人替他们解决。他们的一生不是为他人做出贡献，而是尽其所能依赖别人，成为他人的负担。

还有一种学生，他们也希望成为别人注意的中心，当不能如愿时，他们得到关注的方式是调皮捣蛋、扰乱课堂、带坏其他同学、被所有人讨厌。指责和惩罚对他们不但无济于事，反而让他们更嚣张。他们宁愿被痛批，也不愿被忽视。和他们从中得到的关注相比，这点被批评惩罚的代价其实算不了什么。对很多学生来说，惩罚反而让他们延续自己的生活模式。他们把惩罚视作一场游戏或比赛，看谁撑得更久。而且他们总是赢家，因为从一开始就是他们掌握主动。因此，经常和老师、家长发生战争的孩子们在受到惩罚时不但不哭，反而会笑。

懒惰的学生几乎也是极有雄心但极怕失败的学生，除非他是利用懒惰还击家长和老师。每个人对成功和失败的理解不同，有时候学生对失败的理解让人十分意外。很多人认为，只要自己不是第一就等于自己失败。即使他们已经很成功，但只要还有人比他们更好，他们依然认为自己失败。而懒惰的孩子不会真正面对失败，因为他从未面临真正的考验。他逃避需要面对的难题，逃避和他人竞争。他周围的其他人多多少少相信，只要这个孩子稍微勤奋一些，肯定能解决难题。孩子也把这样的想法当作借口和盾牌："只要我愿意，肯定能成功。"如果他失败了，也会用懒惰维持自己所谓的尊严。他会告诉自己："不是我无能，只是我懒而已。"

老师有时候对懒惰学生会说类似的话："如果你稍微努力一点儿，你就会是最出色的学生。"可是，这样的学生不费吹灰之力就让老师产生这样的想法，他当然不会冒着失去这种光环的风险去努力学习。因为如果他真的不再懒惰，真的发奋努力却不能成功，那么老师"努力一点儿，就会成为最出色"的想法就被证明是错误的。人们会根据他的实际成就作出判断，而不是"可能的成就"。懒惰带给学生的另一个好处是，只要他付出哪怕一点点努力，都会得到肯定和夸奖。人们把这一点努力看作脱胎换骨的迹象，急迫地想要继续激励他。如果是勤奋的孩子付出同样的努力，则不会得到同等重视。通过这样的方式，懒惰的学生达到别人的期待。他们也是被宠坏的孩子，从童年时期就学会了不论什么事都要让别人帮忙。

还有一类孩子很突出、很容易辨认，那就是领导其他孩子的人。人类需要领袖，但真正的领袖是基于对他人的兴趣，而这样的领袖其实很罕见。大部分扮演领袖的孩子，只对控制和驾驭他人感兴趣，他们只选择能满足这样目标的群体。所以这类孩子并不能给群体带来真正的利益，而且他们在今后的生活中也必然会面临种种困难。如果两个这类所谓的"领袖"相遇（可能是婚姻、工作或社交），两个人就都会寻找一切机会驾驭对方以满足自己的优越感目标，最后要么酿成悲剧，要么变成闹剧。有时候，长辈们享受看着被宠坏的孩子试图控制和指使其他家人，他们觉得很好笑，甚至还会鼓励孩子这样的行为。然而孩子入学后，教师很快就能看到，这样下去，孩子发展不出对社会有用的个性。

孩子们有各种不同的类型。我们的本意绝对不是把孩子塑造成某种特定类型，也绝对不是限制孩子的个性发展。但我们确实期待可以使孩子免于朝着失败和困难的方向发展，而这些失误在童年期更容易得到预防和纠正。如果童年没有得到纠正，这些失误就会被带入成年期，而且后果更加严重、更具破坏性。童年期的失误和成年期的失败一脉相承。童年期没有学会合作的孩子，成人后很容易成为精神疾病患者、酗酒者、罪犯或自杀者。例如，很多焦虑症患者童年时害怕黑暗、陌生人或者新环境，而很多忧郁症患者童年时很爱哭。在我们当今的社会，育儿专家做不到和每位家长接触，协助他们纠正养育失误。最需要帮助的家长是最不愿接受帮助的家长。但是，我们也许有机会接触所有教师，通过他们接触所有学生；通过他们纠正养育学生的失误，培养学生过上独立自主、充满勇气、合作贡献的生活。在我看来，教师的工作是人类未来福祉的最大保证。

在这个愿景之下，我在大约 15 年前，开始倡导和实践个体心理学中的"顾问会议"方式，已经在维也纳和其他很多欧洲城市取得成功。宏伟的希望和愿景当然很美好，但如果没有具体的实施方法，愿景不过只是空谈而已。经过15年的践行，我想我可以说，顾问会议取得了完全的成功，给我们提供了解决学生挑战并教育学生成为负责公民的最佳方式。当然，我认为顾问会议最好只建立在个体心理学基础之上，但我也很接受结合其他心理学派的知识。事实上，我一直提倡顾问会议与其他不同心理学派结合，并对不同方式的结果进行比较研究。

顾问会议的方式是这样的：一位在处理学生、教师以及家长相互之间关系方面训练有素的心理学家来到学校里，与相关教师一起讨论学生的挑战。他来到学校，与一两位相关教师见面，听取教师描述的学生情况以及挑战，可能是学生懒惰、顶撞老师、逃学、偷窃或者学业落后。然后心理学家贡献自己的经验，与教师共同讨论。学生的家庭情况、个性特质、发展状况都会被讨论，还需要描述挑战发生的情景。接着，教师们和心理学家探究挑战背后的心理原因和有效的解决方法。因为他们都富有经验，所以很容易达成一致意见。

心理学家来到学校这天，母亲和孩子也参加这个会议。但是需要心理学家和老师先决定和母亲沟通的最佳方式是什么、怎样影响她、用什么方法向她解释孩子失败的原因，然后母亲再参加会议，提供更多关于孩子的信息。接着，由心理学家和母亲沟通，给母亲一些帮助孩子的建议。多数情况下，母亲很乐意参加这样的咨询，并接受合作建议。如果母亲拒绝，心理学家和教师可以跟母亲谈论与其孩子类似的其他案例，提供适合帮助孩子的结论或建议。

接下来，学生加入会议，由心理学家和学生沟通，不是谈论他的错误，而是其所面临的困难。沟通中，心理学家要找到是哪些观念和判断阻碍了学生的良好发展，例如学生认为自己受到忽视，或老师更喜欢别的学生等等。他不会指责批评这个学生，而是进行平等友善的对话，给他提供不同的视角。如果心理学家需要提到学生的错误，他会用假设发生在别人身上的方式，并邀请学生发表自己的观点。经验显示，孩子其实对客观情况非常清楚，并且能很快改变自己原有的想法，这常常令人称奇。

我培训过的教师都很喜欢顾问会议，完全不想放弃这个方式。它让教师们的工作乐趣更多，提高教师们成功解决问题的能力。没有教师觉得这是额外负担，他们经常在半小时甚至更短时间内就能解决困扰他们多年的学生挑战。整个学生群体的合作精神也随之提高，经过较短时间践行之后，学校里不再发生严重挑战，教师们只需要解决小问题。教师们自己成了心理学家，学会了从性格、言行态度的整体角度来理解学生。即使再出现问题，教师们也能自己解决。事实上，这也恰恰是我们的希望：老师们都接受了这方面的良好训练，不再需要心理学家。

比方说，假如某个班级里有一个懒惰的孩子，这个班级老师在顾问会议方面训练有素，他就会建议全班就懒惰进行讨论。他可能会这样引导这场讨论："什么引起懒惰？""懒惰的目的是什么？""为什么懒惰的人不愿改变？""需要做出改变的是什么？"学生们都参加讨论并得出自己的结论。教师还会确保那个懒惰的学生并不知道他是这场讨论的起因；同时，因为这个话题是他感兴趣的，所以他会从讨论中收获良多。因为，如果学生感受到讨论是为了攻击他，他就什么也学不会；如果他处在中立方，就会引发思考，改变自己的原有想法。

没有人比和孩子们朝夕相处的教师更了解他们。教师能看到各种不同的孩子，如果教师们训练有素，就能和每个孩子都建立联结。家庭养育给孩子造成的错误是会继续延续还是得以纠正，完全掌握在教师手中。就像母亲一样，教师是人类未来的保障，他们的贡献无法衡量。

VIII. Adolescence

第八章

青春期

关于青春期的各种书籍不胜枚举，然而几乎所有书籍都把青春期当成性格整体发生巨大改变的人生危险时期。青春期固然有其危险之处，然而这并不意味着性格整体的变化。青春期只是给正在成长的孩子带来了新环境、新考验。他们会觉得真正的生活指日可待。生活模式中以往未被觉察的错误逐渐露出端倪，其严重性不容再加以忽视。

对每个孩子来说，青春期最重要的意义是，必须证明自己不再是个小孩儿。成年人也许可以让孩子相信，他确实不再是个小孩儿。如果做到这一点，就能消除成年人与青春期孩子之间的紧张关系。然而，如果青春期孩子认为必须证明自己不再是小孩儿，自然而然地，他就会过分强调这个立场。青春期孩子的很多言行举止其实都出于想要强烈证明自己的独立、与成人的平等、男子气或女人味。而具体的言行举止，则取决于他们每个人对"成人"赋予的不同意义。如果有的孩子认为"成人"意味着不被控制的自由，他就会对规则限制做出反抗。在这个阶段，很多孩子开始抽烟、讲粗话、夜不归宿，还有的孩子出乎意料地开始对抗父母。而父母则困惑不解：怎么一直听话的孩子忽然变得这么叛逆？这并不是因为孩子的整体性格忽然变了，事实上，这些所谓一直听话的孩子一直在与父母对抗，只是到了现在，他终于拥有足够的自由和力量，能够公开表达自己的敌意。例如，一个被父亲打骂的男孩儿，多年来一直显得安静顺从，其实他是在等待报复的机会。当他进入青春期，足够强大的时候，他借机挑战父亲，打了父亲一顿，然后离家出走。

大部分青春期孩子都被给予更多自由和独立的空间，父母不再觉得自己有权力每时每刻保护和监督孩子。而且，如果父母真的想继续每时每刻监护孩子，那么孩子必然会强烈反抗这样的控制。家长越想证明他还是小孩子，他越要抗争，证明并非如此。而这样的抗争会更激发孩子的叛逆心理，即我们常说的"青春期叛逆"。

我们无法对青春期做出严格的年龄划分。青春期大概指的是从14岁到20岁，但也有些孩子在10岁、11岁时就进入了青春期。青春期时，孩子身体的各个器官同时加速发育，有时会出现各功能协调不畅的现象。这时，如果嘲笑和批评他们身体不协调，他们很可能会真的相信自己笨手笨脚。如果一个孩子被嘲笑笨拙，他就会越来越笨拙。这期间，孩子的内分泌系统也会加速发展，促进各个器官功能的发育。但内分泌并不是在青春期才开始发展变化的，事实上，内分泌系统的发育从出生前就开始了，只是青春期时更快更多，第二性征也更为明显。男孩子开始长胡子，声音变粗；女孩子体形变得圆润丰满。而这些常常令青春期孩子困惑不解。

有时候，对成年生活缺乏准备的处于青春期的孩子，现在忽然和职业、爱情以及婚姻、社交等问题更近了，因而觉得惊慌失措，认为自己完全没有能力解决这些问题。对于社交问题，他局促不安，忸怩封闭，把自己孤立起来，只愿待在家里。对于职业问题，他觉得自己找不到满意的工作，不管做什么都会一事无成。对于爱情和婚姻问题，他在异性面前尴尬慌乱，害怕与异性相处，一说话就会面红耳赤，无言以对。一天一天下去，他越来越绝望。最后，他完全封闭自己，不去面对生活中的任何问题，没有朋友。他不与其他人交往，不和别人说话，也不倾听别人说的话。他既不学习也不工作，终日活在幻想之中，只进行一些粗鄙的性行为。这是精神疾病，曾被称作"早发性痴呆"（dementia praecox），现称"精神分裂症"（schizophrenia）。然而，这种精神疾病只是生活模式的错误。如果有可能的话，可以向这样的处于青春期的孩子指出其错误，并引导其踏上正轨，他的精神疾病就能痊愈。但这并不容易，因为要纠正的是他的整个生活模式，以及相应的行为习惯。

他对过去、现在、将来的认知都要通过科学视角，而不是他个人的视角。

青春期的所有问题，都来源于对生活的3个限制——职业、友谊、爱情和婚姻——缺乏准备和训练。如果青春期孩子对未来感到恐惧，那么他们会很自然地通过最不需努力的方式应对。然而，这些貌似轻松的方法，却也是最无用的方法。青春期孩子被命令、训诫、批评得越多，他们就越觉得如临深渊，无所适从。我们越强迫，他们越退缩。这样的话，我们每个试图帮助他们的努力，都是错误和徒劳的，都会对他们带来进一步的伤害。鼓励他们是唯一的方法。当青春期孩子对未来觉得悲观、恐惧时，我们不能期望他们自发地努力奋进。

也有少数青春期孩子希望自己还是小孩子，他们甚至说话还像小孩子，愿意和儿童一起玩儿，假装自己可以永远不用长大。但是，绝大多数青春期孩子竭力让自己做出成人般的行为举止。如果这些孩子并不具备真正成年人的勇气，他们的行为举止会显得夸张、滑稽：他们会学大人的样子，例如花钱大手大脚，和异性调情，乱谈恋爱。更麻烦的情况是，如果一个男孩找不到解决生活问题的方法，而活跃程度又很高，就容易走向犯罪道路。尤其如果他们之前有过犯罪行为而且没被发现，他们就会认为自己聪明得可以逃脱犯罪给其造成的后果。犯罪是逃离生活难题的捷径，尤其是经济和生计方面的难题。因此，14岁至20岁之间的青少年犯罪率通常出现大幅上升。再次强调，我们面临的并不是刚刚出现的新问题，而是过去童年期问题长期压制下的强烈爆发。

如果活跃程度较低，有些青春期孩子会通过精神疾病逃避生活难题。正是在这个年龄段，很多孩子患上精神方面的疾病或出现精神官能症以及植物神经紊乱。每个精神疾病的症状其实都是为了不降低自己的优越感目标，并拒绝直面生活难题。当一个人不愿通过对社会有用的方式解决生活难题的时候，就会出现精神疾病。同时这个情况又会带来更多高度紧张和压力。而且青春期时，身体各个器官对紧张压力的反应也更为敏感且强烈，整个神经系统都会被影响。这些生理状况又反过来被当作拒绝应对难题或应对失败的借口。这样情况下的青春期的孩子对自己、对他人都会宣称是因为精神疾病，所以他无须承担生活的责任——这就是精神疾病的全貌。每个精神疾病患者都宣称自己本意良好。他们都很清楚应该具有社会兴趣、应该面对生活难题，只是这个普世需求到了他这里就会遇到"例外"。让他例外的，就是他的精神疾病。他的整个态度都在说："我其实特别想要解决自己的问题，但我的精神疾病阻止了我。"这是精神疾病患者和罪犯的区别，罪犯的不良本意和缺乏社会兴趣表现得十分明显。很难说清这两者谁对社会的危害更大：精神疾病患者本意良好，但他们的行为与本意相悖，恶毒、自大，故意妨碍与他人合作；而罪犯竭尽全力压制残存的社会情感，公开明确宣布自己的敌意。

很多青春期失败的人都曾是被宠坏的孩子，这很容易理解，那些童年期习惯父母事事操办的孩子，到了青春期，会把成年人应承担的责任视作难以承受的重担。他们希望自己继续受宠，但随着年龄的增长，他们发现自己不再是注意力中心。于是他们指责是生活让他们挫败、欺骗了他们；他们在人造温室里长大，外面的空气让他们感到寒冷刺骨。在这些青春期孩子身上，我们能看到他们没有成长，而是在倒退。那些以往背负高期待的孩子开始出现学业下滑，被以往看似平庸的孩子赶超。事实上，这和以前的情况并不冲突，很可能是因为一直背负高期待的孩子，这时候开始恐惧自己无法达到期待，令所有人失望。如果他总是被别人鼓励、被别人赞赏，他还能继续前行；一旦没有了别人，需要他自己独立努力，他就畏缩不前。而其他的孩子，却因为青春期的新自由而受到激励，他们看到面前的道路机会无限，树立起雄心壮志，创意不断，有很多新想法。他们对生活的创造力被激发出来，对方方面面的兴趣和好奇愈发生动热烈。这些青春期的孩子能够保有勇气，对他们来说，独立不是意味着没有困难，没有危险，而是意味着自己已处于取得成就和创造贡献的广阔天地。

有些以前被忽视被冷落的孩子，也许现在因为和同伴接触更多，而看到了受人赞赏和肯定的希望。有些孩子十分醉心于这样的肯定和赞赏。如果是男孩儿，一味寻求他人赞赏就已经够危险了；如果是女孩儿，则更危险，因为女孩儿通常自信更少，她们把别人的赞赏视作证明自己价值的唯一途径。这样的女孩儿很容易成为花花公子的猎物。我经常看到在家里不受欣赏的女孩儿，他们在青春期开始与他人发生性关系，她们这样做不仅要证明自己已经长大成人，她们还希望通过这样的方式，至少能为自己取得一个被人赞赏、受人关注的位置。

请允许我举个例子：一个15岁的女孩子，家庭出身贫寒。童年时，她的哥哥长期生病。妈妈不得不花很多时间和精力照顾哥哥，因此女儿出生后她无法给予女儿很多呵护与关照。雪上加霜的是,她的爸爸后来也病了,占去了妈妈更多本应照顾她的时间。

因此,这个女孩儿很小就观察和理解"被人照顾"是怎么回事。她一直渴望自己也拥有同样的地位,但她在家里却无法获得。再后来,她的妹妹出生,爸爸身体也痊愈了,这时妈妈不用再照顾爸爸,却全身心转到照顾刚出生的婴儿。自然而然地,女孩儿觉得自己是家中唯一没有得到任何关注和爱的人。她继续努力,在家里做个好孩子,在学校做个好学生。因为她的学业较好,所以老师建议她继续学习,她被送往一所高中,那儿的老师都不认识她。刚开始的时候,她听不明白老师的讲解,成绩开始下滑,老师因此批评她,令她备感挫折,十分沮丧,因为她非常渴望在新学校迅速得到肯定和赞赏。可是现在,不论是家里还是学校,她都得不到赞赏。那她还有什么?

她开始在周围寻找可以给她赞赏的男人。尝试过几个人之后,她找到了一个男人,离开学校,跟他同居了两周。她的家人心急如焚,四处寻找。后面发生的事情我们能够预料:很快她发现,这个男人不是真的欣赏她,开始后悔自己的所作所为。她萌生了自杀的念头,于是给家人送了一张便条:"我服毒了,别担心,我很快乐。"事实上,她并没有服毒。但我们能理解她的行为：父母对她很好，她觉得这样的方式能博得他们的同情。结果是她并没有自杀，而是等着母亲找到她，带她回家。如果这个女孩子能看到，她所做的一切都是为了得到肯定和赞赏，就不会发生这场风波了。如果学校的老师能看到这一点，也能阻止这件事情发生。因为这个女孩子以前的学业成绩一直优秀，如果老师观察到这个学生对成绩很在意，他稍微多加留心，就不会让她因开始的挫折而感到沮丧。

还有一个例子，一个女孩子出身于一个父母性格都不健康的家庭中。她的妈妈一直想要个男孩儿，因此对她的出生很失望。妈妈自己看不起女性，而女儿也能感受到这一点。女儿不止一次听到妈妈对爸爸说"她长得一点儿都不好看，以后长大了没人会喜欢她"，或者"她长大了，我们可拿她怎么办呀"。女孩子在这样的不良氛围中长到青春期。有一次她发现了一封妈妈朋友的来信。那个朋友在信中为妈妈只有一个女儿安慰她，说她还年轻，还可以再生个儿子。

我们可以想象这个女孩儿当时的感觉。几个月后，她去乡下拜访叔叔。在那里她遇到一个智力低下的乡下男孩儿，成了他的女朋友。后来，那个乡下男孩儿和这个女孩儿分手了，而这个女孩儿则在这条路上一去不返。当我遇到她时，她已经有过很多男朋友，然而没有任何一场恋爱让她获得真正的欣赏。她来找我，是因为这时她已经患了焦虑症，不敢独自出门——当一个方式无效的时候，人们就会换另一个方式达到目的——当她从男朋友们那里得不到真正的欣赏时，她就用疾病痛苦让家人忧虑。没有她的许可，家里没人可以出门。因为她又是哭泣，又是威胁说要自杀，把家里闹得鸡犬不宁。我们花了很多时间去帮助这个女孩儿看清她的情况，说服她相信：青春期时，她对"摆脱不被欣赏"这个目标过分重视了。

男孩子和女孩子通常都会高估和过分重视青春期时的两性关系。他们想要证明自己已经成人，但却做得过头。例如，如果一个女孩儿总是和母亲发生冲突，相信她被母亲控制，受到压抑，作为反抗方式，她会经常随意和男性发生性关系。她并不在乎自己的母亲是否介意——事实是，如果母亲因此难受，她反而更高兴。我经常看到有些女孩子和母亲（也可能和父亲）争吵以后就会离家出走，然后和遇到的第一个男人发生性关系。而这些女孩子以前通常是乖乖女，教养良好，人们从不会认为她们会做出这样的行为。而我们可以理解，这些女孩并不是犯了不可饶恕的过错，她们只是没有为生活做好准备。她们觉得自己一直处在低下的位置，而与男人发生性关系是她们能看到取得优越地位的唯一方式。

很多被宠坏的女孩儿发现适应自己的女性角色很难。我们当今的社会文化是男尊女卑的文化，结果这些女孩自然不喜欢女性身份。于是青春期时她们会表现出我所称的"男性倾慕"（masculine protest）。男性倾慕的呈现方式多种多样，有时呈现为对男性的厌恶和逃避；有时呈现为她们虽喜欢男性，但在男性面前尴尬局促，无法交谈，不愿参加有男性在场的活动，对性问题也手足无措。通常，这样的女性声称愿意结婚，但并不采取实际行动，她们不接近异性，也不愿与异性交朋友。有时候，我们发现她们对女性身份厌恶的心理在青春期就已经表现得很明显。一些女孩子的行为举止比以往更加男性化，她们模仿男生的行为，例如抽烟、喝酒、说脏话、拉帮结派、调情滥交，而且觉得轻松容易。

她们通常解释说，之所以这样做是因为如果不这样，男孩子就对她们没兴趣。对女性性别的轻视继续发展，可能会导致同性恋、性偏好障碍或卖淫。几乎所有妓女从很小就深深相信没人喜欢她们，相信自己天生低人一等，不可能赢得男人的兴趣和真爱。不难理解，在这样的心态和环境中，她们多么容易放弃自己，轻贱自己的性别，认为性别只不过是赚钱工具而已。这样对女性性别的轻视并不是从青春期才开始，而是从童年期就开始了——我们总能追溯到童年期，她们不喜欢自己的性别，只是童年时没有表达这个轻视的需要和机会。

并不是只有女孩才出现"男性倾慕"，所有过高评价男性性别的重要性、认为男子气是最理想的状态的人，都有"男性倾慕"，并且因此自我怀疑是否具有足够的男子气。所以，我们当今重男轻女的文化给男孩子的压力，并不比给女孩子的小，尤其是在孩子们还尚未充分理解性别的时候。很多孩子已经很大了，还相信说不定某一天他们的性别会发生变化。因此，让孩子从两岁起就清晰明白自己的性别，这一点很重要。通常，外表长得像女孩子的小男孩儿会经历比较困难的过程。不但陌生人常常看错他们的性别，有时候连亲朋好友也会说："你真应该生成一个女孩儿呀！"这样的孩子很容易把自己的外表当作缺点，将来认为爱情和婚姻都是难以克服的艰难考验。对自己的男性角色没有足够信心的男孩儿到了青春期很容易模仿女孩儿，变得"娘娘腔"，沾染被宠坏女孩儿的坏习惯，比如搔首弄姿、装腔作势、乱发"小姐脾气"等等。

性欲的根基其实早在儿童期前四五年就有了。婴儿在其出生后第一周就会出现明显的性驱力（主要指婴儿通过吸吮得到安慰和快感——译者注），但是在孩子生理发育还没有达到能恰当表达的程度之前，他们不应受到任何与性有关的刺激。如果孩子不受到性方面的刺激，他们的性发育就会自然正常，无须担心。例如，当一岁的孩子有了身体局部性冲动的表现，成年人不应该大惊小怪（因为这样反而会更加刺激孩子），而应该利用自己对孩子的影响，顺应孩子的天性，引导其将对自己的兴趣更多转移到对周围环境的关注之中。假如孩子自我满足的性活动仍然无法停止，则是另外一回事。那么我们几乎可以肯定，孩子行为的背后还有其他动机：他并不是性欲的无辜牺牲品，反而是在利用性欲达到自己的目的。通常，如果是低龄孩子，他们是想通过这样的行为得到关注。他们知道父母会因此担心、害怕，他们也知道自己一做这个行为父母就会担心害怕。如果这个习惯不能帮助他们达到获得关注的目的，他们就会放弃。

我前面强调过，孩子不应该受到生理刺激。父母很爱孩子，孩子也很爱父母。有些父母为了加强孩子对自己的爱，总是搂抱亲吻孩子，没完没了。他们其实知道，这不是使孩子更加爱自己的正确方式，他们不应该这么自私。他们不应该在生理上刺激孩子。除此以外，孩子也不应受到心理刺激。孩子们经常告诉我，有些成年人也有类似的经历：他们在爸爸的书房里无意看到了春宫图或黄色电影画面。对孩子来说，最好不要让他们看到这样的书籍和电影等。如果我们能避免给孩子这样的刺激，也能避免麻烦发生。

此前我们曾经说过，另外一种应该避免的刺激，是坚持给孩子提供不合时宜和没必要的性知识。现在很多成年人非常热衷于对孩子进行性教育，十分恐惧如果孩子现在不接受性知识，长大成人后的生活就会充满危险和灾难。然而，假如我们回顾自己的成长经历，或者看看别人的经历，并不会看到我们（他们）所害怕的灾难或危险。更好的方式是等候孩子自然成长到对性产生好奇，想了解性知识。如果父母对孩子真心有兴趣，即使孩子不说出口，他们也能观察到孩子的好奇。如果父母和孩子的关系平等友好，孩子就会开口询问，而父母则可以用孩子能理解和吸收的方式告诉他。

另外，父母在孩子面前避免过分亲热的举动，也对孩子有好处。如果条件允许，孩子不应该和父母同睡一屋，更不应该同睡在一张床上；我们还建议异性兄弟姐妹也要分开，拥有各自独立的卧室。父母必须对孩子的发展密切关注，不要麻痹大意。如果父母不了解孩子的个性、生活目标，他们就无法得知孩子如何受到他人影响、受到了什么影响。

把青春期视作一个与众不同、意义非凡的时期，几乎是世界性的人们深信不疑、近乎迷信的思想。一般而言，人类发展的每个阶段都会被赋予特殊意义，被视作人生完全的改变。比如，人们对更年期的定义也是这样。然而，这些只是人生连续发展过程的不同阶段而已，并不是彼此截然不同；每个阶段的表现，与其他阶段的重要性都一样。真正重要的是每个人对这个阶段的想法和期待，他赋予的意义，以及他如何应对。人们经常对青春期的表现惊恐不安，好像青春期是魔鬼时期。然而，如果我们能正确理解，就会发现青春期本身并不会完全改变孩子，只是青春期里出现了新的生活和社会因素，需要孩子们根据自己的生活模式进行调整和适应。很多青春期的孩子相信，青春期是一切事物的终结，他们以往的价值都没有了，他们没有合作和贡献的权力和资本；因为他们觉得没人喜欢他们，想要他们。青春期的困难和挑战便由此而来。

然而，如果青春期的孩子得到的训练是把自己视为社会平等的一分子，明白自己需要做出贡献，尤其是将异性当作自己平等的伙伴，那么青春期就是他们发挥自己的创造力、独立解决成年生活问题的好时机。假如他们认为自己低人一等，假如他们对环境的认识错误，那么他们在青春期就会表现出尚未对自由做好准备。如果一直有人推动、强迫他们去做必要的事情，他们就能完成相应的任务；如果让他们自己独立完成，他们就会胆怯、放弃。这样的孩子只能被命令，一旦给他们自由，他们就会感到迷惘，以致失败。

IX. Crime and Its Prevention

第九章
犯罪及预防

通过个体心理学，我们开始了解人类的不同类型。说到底，人与人之间的差别并不是截然不同，而是有很多相通之处。我们发现，罪犯身上所呈现出的失败，也能在问题儿童、精神疾病患者、自杀者、酗酒者和性偏好障碍者身上看到。他们都在解决生活难题方面失败了，而且他们失败相通的具体之处显而易见，即他们每个人都缺乏社会兴趣。他们对同伴没有真正的关怀。即便指出这一点，我们也不能说他们与其他普通人截然相反。因为事实上，没有人拥有完美的社会兴趣，没有人是合作的完美典范；罪犯在社会兴趣方面的失败之处，其他人也都有，只是罪犯的失败程度更严重。

对于了解犯罪心理，还有一点也很重要，同样，这个心理其他人也具有，那就是我们所有人都希望克服困难，解决生活难题。我们都在努力达到自己未来的目标，达到这个目标后，我们会觉得强大、完美圆满。杜威教授（John Dewey，约翰·杜威，美国著名哲学家、教育家、心理学家——译者注）把这样的倾向，十分精确地称之为"追求安全感"。也有人将其称为"自我保护"。然而，不论名称是什么，我们看到的都是人类活动的伟大轨迹——从卑微到优越、从失败到胜利、从下到上。这个活动从我们的童年期就开始了,贯穿至生命结束。生活,指的就是我们生活在这个贫瘠星球的表面,不断克服困难、解决问题的过程。因此,我们完全可以理解犯罪行为的倾向其实也是在克服困难,无须为此感到惊讶。所有罪犯的行为和心态中,我们都能看到他们是在努力追求自己的优越感目标,克服困难,解决问题。但是将罪犯与普通人区别开的,不是他们要克服困难的倾向,而是他们克服困难的方向。而且我们还能看到,他们的方向之所以错误,是因为他们不理解社会生活的真正需要,对人类同伴没有真正的关怀。

我希望着重强调这一点,因为有些人的观点与此大相径庭。他们认为罪犯是人群中的异类,根本不是正常人。例如,有些科学家相信罪犯都是心智低能者;另外一些人强调犯罪来自遗传,他们相信罪犯天生有问题,无法控制自己的犯罪行为;还有些人认为犯罪是环境因素造成的,一旦成为罪犯,终生都是罪犯。现在,可以反驳这些观点的证据不胜枚举。另外,我们也必须认识到,如果我们接受这些观点,解决犯罪问题就会毫无指望。我们需要消除这些悲观、消极的观念。我们从人类历史可以看到,犯罪是人类的悲剧,但我们必须致力于改善和解决它,而不是对问题妄下定论:"反正都是遗传,无药可救。"

事实上，不论是环境还是遗传都不是决定性因素。同一个家庭、同样环境下长大的孩子，却有可能出现完全不同的成长方向。有时候，罪犯来自清白的家庭；而在有些有劣迹斑斑、监狱管教所常客的人的家庭里，也会有品行良好的孩子。另外，还有些罪犯后来痛改前非。例如，有些犯罪心理学家无法解释为什么一个江洋大盗30岁以后金盆洗手，成为优秀公民。如果犯罪来自遗传或者环境因素所致的理论成立，那么上面这些例子就让人匪夷所思。然而，从我们的观点来看，这些都很好理解。可能这时候罪犯的处境已经有所改善，生活难题的严重程度降低，他生活模式中的错误不再浮现出来；或者，他已经得到了自己想要的优越感；还有一种最后的可能，他人到中年，身体发福了，不再适合偷盗这种犯罪行为：可能他的关节僵硬，无法再飞檐走壁，无法继续做江洋大盗了。

进行下一步讨论之前，我需要澄清"罪犯是疯子"这个观点。确实有精神病患者实施犯罪行为，但这是不同类型的犯罪。我们不能让他们承担后果：他们的犯罪行为，其实是他人不了解他们的情况、用错误方法对待他们的结果。同理，我们也要把心智低能的罪犯排除在外，他们其实只是犯罪工具而已。真正的罪犯是背后的主谋。这些主谋通常给心智低能的人描绘一幅美好诱人的远景，刺激他们的幻想和野心，然后自己躲在幕后，让心智低能的人去实施犯罪行为，成为牺牲品，最后受到惩罚。那些经验老到的惯犯诱使年轻人犯罪，也是同样的道理。他们制定好计划，然后诱使年轻人去执行。

现在我们来做下一步讨论，前面所说的人类活动的伟大轨迹——罪犯和其他人都有——努力争取胜利，努力争取稳定。这个目标对每个人来说，具体呈现方式和实现方法都各有不同，但是我们发现，对罪犯来说，他们的目标只在追求自我利益的层面。他们所追求的，对他人毫无贡献。他们没有合作。事实上，社会需要所有成员，我们需要彼此，需要共同的用处，需要每个人合作的能力。罪犯的目标则对社会无用。这是犯罪行为中最显著的共同点。稍后我们会讨论为什么会这样。现在我们需要解释清楚的是，如果想要了解罪犯，我们需要了解他在合作方面的失败程度和本质。不同罪犯，在合作方面的失败程度也不同，有的人的失败程度比其他人小。例如，有些罪犯约束自己只犯小罪行，不会超越自我限制；而有些罪犯则放纵自己，以致罪恶滔天。有些人是主导，有些人是从属。要想理解不同的罪犯，我们需要进一步检视不同的生活模式。

个人的主要生活模式在早期便已建立，一个人四五岁时，他的生活模式就已经大致显现。基于这个基础，我们不能轻而易举改变一个人的生活模式。只有通过理解自己生活模式中的错误，一个人才能改变自己的个性。因此，我们就能理解，为什么有些罪犯尽管已经多次受罚，吃尽苦头和受到侮辱，被剥夺了一切社会权利，可是依然毫不悔改，反而再三重蹈覆辙。并不是金钱问题让他们再次犯罪。确实，经济萧条时，人们负担加重，犯罪率也会上升。还有统计数据显示，小麦涨价时犯罪率也会增加。然而，并不能就此断言，犯罪都是由经济压力引发。这一点其实更加显示出，在这样的情况下，人们的行为受到限制，合作能力受到限制，无法做出更多贡献；人们没有了合作的能力和条件，只能实施犯罪行为。另外，大量事实证明，还有些人生活条件优越时并不会犯罪，然而一旦在生活中遇到他们没有准备的难题时，他们就会通过犯罪的方式解决问题。因此，最关键的是人们的生活模式，人们解决生活困难的方式。

通过个体心理学中的大量经验，我们至少可以得出一个十分清晰的结论：罪犯对他人没有兴趣。他们的合作只能达到某个很浅的程度，一旦需要更深层的合作，他们就会采取犯罪行为。当生活的难题对他们来说太大时，他们就不会继续合作。思考一下我们每个人都需要面对的生活中的难题，而罪犯无法解决这些难题——这一点值得深思。最终我们都能看到，生活中的问题都是社会问题。只有对他人真正感兴趣，才能真正解决这些问题，别无他法。

个体心理学教会我们把生活中的难题分为三大类。首先，让我们来看看与其他人的关系问题，也就是社会伙伴之间的友谊关系。罪犯有时也有朋友，但只是和他们同类的人。他们拉帮结伙，彼此宣誓效忠。但我们能看到这种社会伙伴关系的局限性。他们无法在更大的社会范围内和正常人结交朋友。他们把自己的团伙帮派视作正常社会的局外人，无法和正常人自由相处。

第二类难题是与职业有关的问题。如果询问罪犯关于职业的问题，他们中的大部分人都会说："你根本不明白工作的艰难。"他们觉得工作是件苦差事。和其他人不同，他们并不想努力勤奋工作。有用的工作必然包含对他人的兴趣以及为了共同福祉与他人合作，然而这正是罪犯们最缺乏的。缺乏合作精神，其实在他们的童年时期就已经有所显现了。所以，绝大部分罪犯其实是没有为职业问题做好准备。绝大部分罪犯是未经训练、没有技能的工作者。

如果追溯他们的历史，会看到他们入学时，甚至入学前就存在这个障碍——缺乏对他人的兴趣的障碍。他们从未学习过如何合作。合作意识和能力是需要学习和训练才能发展出来的，可是罪犯却没有这方面的学习和训练。所以，我们并不能指责他们在职业方面的失败。这就好像让一个从未学过地理的人参加考试，结果他错误百出甚至完全无法作答，我们也不能指责他。

第三类难题是与爱情和婚姻有关的问题。美好圆满的爱情生活需要对伴侣的兴趣、与伴侣的平等和两人之间的合作。有个显著的现象是，大半罪犯进入劳改机构时都被发现患有性病。这一点揭示出，他们想通过简捷的方法解决爱情问题。他们将自己爱情生活的伴侣仅仅视作私有财产，我们也常常发现他们认为可以用金钱买到爱情。对这样的人来说，性生活等同于征服和占有，是他们相互之间所有权的体现，而不是两个人之间生活伙伴关系的体现。很多罪犯会说："如果我得不到我想要的，生活还有什么意思！"

现在，我们能够看到从什么地方着手解决犯罪问题。我们必须训练他们学会合作。如果只在劳改机构中鞭笞惩罚他们，并不能解决问题。而对他们不管不问，则是对社会的危害，基于现在的社会条件，这绝不能被允许——我们的社会必须免受犯罪之害。然而问题还不至于此，我们还必须思考：他们没有为社会生活做好准备，那么我们可以做什么帮助他们？

在生活的3个方面都缺乏合作，这是个很大的问题。因为我们生活中时时刻刻都需要合作。我们的合作程度如何，会通过我们的言行举止、观察、倾听、交谈等方面体现出来。如果我的观察正确，罪犯的言谈举止也与常人不同。他们有自己的语言和表达方式，我们也能理解这个不同反过来又给他们带来心智发展障碍，让他们的方向更加错误。当我们与别人沟通时，我们自然而然地期待相互理解。理解本身就是社会生活性的，我们对词汇有共同的认知，我们对事情的理解方式通常和其他人相通或接近。而罪犯不是这样，他们有自己的逻辑、自己的智力水平。我们可以研判他们对自己罪行的解释，进而得出结论：他们并不是痴呆或智力低下。如果我们如其所愿，认可他们的自我优越感目标，就会发现他们的利己逻辑很有道理。比方说，假如有个罪犯说："我看到一个人的裤子很好看，而我没有，所以我要杀死他。"在这里，假设我们认可他想要得到这条裤子的欲望无比重要，而且他无法用对社会有用的方式解决这个问题,那么他要杀死对方的结论就显得合情合理。但是我们知道,这个假设完全不符合社会常识。最近,匈牙利有一宗法庭案件,一群妇女用毒药谋杀他人。当其中一位妇女被送进监狱时,她说:"我儿子病得很重,而且他总是游手好闲,我只好毒死他。"当她解决问题时完全不考虑合作,那她除了杀人还有什么其他办法?她智力正常,但是对事情的看法和角度却与常人不同,有不一样的统觉体系。这个例子让我们看到,当罪犯们将这个世界视作充满敌意的,而他们又想不劳而获地得到想要的东西,他们就会走上犯罪的道路。他们的错误在于他们对这个世界的看法,以及对自己的重要性和他人重要性的错误估计。

但是,在思考他们为什么缺乏合作精神时,上述观点却不是最重要的。最重要的一点是,罪犯都是懦夫。在面对自己觉得难以应付的问题时,他们其实选择了逃避。在罪行以外,我们能看到他们面对生活的懦弱。即使在所犯的罪行中,我们也能看到他们的懦弱。他们只能借助黑暗和孤独,将其作为藏身之处。在他人保护自己之前,对他人犯下罪行。罪犯们经常认为自己异常勇敢,但我们可不能被他们愚弄。犯罪是懦夫对英雄行为的模仿。他们只为自我优越感目标努力，相信自己是英雄偶像，然而这些信念只不过是错误的统觉体系、社会常识导致的失败结果。我们很清楚他们是懦夫，如果他们知道我们清楚这一点，一定会大为吃惊。当他们相信自己能胜过警察和法律时，只不过是虚荣心和骄傲心理的膨胀而已。他们经常想："我永远不会被抓到。"不幸的是，如果我们对罪犯的犯罪生涯做出详细调查，确实会看到他们以往没有被抓到的罪行，正是这个让他们更加自大，犯更多的错误。当他们被抓到以后，他们不是想要悔改，而是会想：这次是我不够聪明，下次我一定会胜过他们。如果下次没有被抓到，他们就会相信自己的优越感目标达到了；会觉得自己很了不起，还得到同伙的羡慕和赞赏。

我们必须打破罪犯这种对勇气和聪明才智的常见错误心理，但是从哪里开始呢？可以从学校、家庭、劳改机构开始。稍后我会详述打破的具体方式，现在我要讨论的是造成合作失败的环境因素。有些情况，我们需要让父母承担这个责任，可能是因为母亲没有足够的技能帮助孩子发展合作之道；可能她什么都正确，没人能帮到她；也可能她连和自己合作的能力都没有。在破裂和痛苦的家庭中很容易看到合作精神无法得到良好发展。所有孩子和他人的第一个联结都是和母亲之间的联结，也许母亲并不愿意将孩子与自己的联结扩展为社会兴趣，扩展至孩子的父亲、其他孩子、其他成年人。也许，在这样的情况下，孩子会觉得自己一直是家里的皇帝；三四岁的时候，第二个孩子出生了，第一个孩子会觉得自己原来的位置不保，拒绝与父母和其他孩子合作。这些都是需要考虑的因素。如果我们追溯罪犯的成长过程，总能在童年期就看到这样合作失败的经历。并不是环境本身给他们带来问题，而是他们对环境和自己位置存在误解，而且他们身边没有人帮助他们扭转这个误解。

如果家里一个孩子天赋极高、才华出众，对其他孩子来说，容易造成困难。这个孩子会得到最多的关注，因此其他孩子会觉得沮丧和压抑。他们不会愿意合作，因为他们想竞争，但又没有足够的信心。我们经常能看到这样被他人光芒遮盖的孩子发展失衡的不快经历，而且没有人教给他们如何运用自己特有的才能。我们看到的一些罪犯、精神疾病患者、自杀者都曾是这样的孩子。

缺乏合作的孩子自其上学第一天起，我们就能从他们的言行中看出端倪。他们很难和其他同学交朋友，不喜欢老师，注意力不集中，不认真听讲。如果这样的孩子没有得到理解，那么他们会更加退步。他们得到的很可能是指责、呵斥，而不是鼓励和教会他们合作。难怪他们愈发觉得学习很无趣！如果他们在学校感受到的都是勇气和自信心方面的挫败，怎么可能会对学校生涯感兴趣呢？我们经常在罪犯的过往经历中看到，他们已经14岁了，可还在上小学四年级，并且大家都责怪说是因为他们太笨。就是这样，他们的生活陷入困境。他们对别人的兴趣越来越少，目标越来越转向对社会无用的一面。

贫穷也会容易导致对生活的错误诠释。来自贫困家庭的孩子可能会遇到来自家人之外的歧视。他的家庭经济拮据，度日如年，整个家庭一片愁云惨雾。而孩子则可能从很小就需要挣钱贴补家用。日后，他看到富有的人可以随心所欲购买他们想要的东西，他会觉得凭什么那些人比他拥有更多享受的权利。这就不难理解为什么大城市犯罪率较高，因为大城市的贫富差距更大。嫉妒永远无法激发有用的目标，而且嫉妒很容易导致孩子误解，使其认为优越感就是可以不劳而获。

生理器官缺陷也容易引发自卑感，这是我自己的发现。并且这个发现为神经学和精神病学中的遗传理论提供了一些证据，对这一点我十分内疚。其实，在我早期撰写生理器官缺陷与精神补偿方面的文章时，我已经意识到了这个危险。事实上，并不是因为天生的生理器官缺陷，而是我们的教育方式，引发了自卑感。如果我们的教育方式正确，那么存在生理器官缺陷的孩子也一样能够对他人和自己产生兴趣。如果没有人教导存在缺陷的孩子对他人产生兴趣，那么他们很自然就会只对自己感兴趣。存在生理器官缺陷的人成千上万，因此我必须做出永久性的澄清，即我们并不能判定生理器官正常的人应有的个性是怎样的。因为我们的生理器官功能复杂繁多，有很多患有生理器官缺陷的人，他们的个性却并没有受到损害。因此，我们不能说生理器官缺陷一定会导致个性问题，这一点对于找到正确的教育方式尤其重要。我们需要找到正确的教育方式，帮助患有生理器官缺陷的孩子成长为良好的人类伙伴，拥有与他人合作的兴趣。

罪犯中还有很大一部分人是孤儿。在我看来，没有帮助孤儿建立起合作精神，这是我们当今社会文化的耻辱。类似的还有私生子。对于这些孩子，没有人站出来赢得他们的情感联结，并引导他们将兴趣转向他人。没有人要的孩子很容易走上犯罪歧途，尤其当他们相信真的没人想要他们。我们还在罪犯中看到一定比例容貌丑陋的人，而这个发现也被用作遗传理论的证据之一。但是，请设身处地地为容貌丑陋的孩子着想吧，他们已经很不幸了。可能他们只是不同种族的混血儿，但结果却不理想；或者父母来自不同种族这个事实本身令其遭到社会的歧视。如果是这样的社会，再加上孩子容貌丑陋，那么他所承受的压力则无比巨大：他甚至没有我们大部分人都经历过的无忧无虑的美好童年。然而，上面所述这些孩子，如果用正确的方法善待他们，他们都能发展出对社会的兴趣。

除了上述情况之外，我们还观察到一个有趣的事实，即有些罪犯是风度翩翩、英俊潇洒之人。如果遗传理论成立，天生容貌丑陋的人（例如手残、兔唇的人）容易成为罪犯，那我们对这些外表天生英俊的人又怎么看呢？事实上，这与遗传无关，他们的成长也没有发展出对社会的兴趣；他们是被宠坏的孩子。你会看到，罪犯通常分为两类，一类罪犯从不知道这个世界上的"伙伴之情"是什么，从未经历过这样的情谊。这样的罪犯对他人充满敌意，心怀不善，认为其他人都是敌人，无法得到他人的欣赏。另一类罪犯是被宠坏的孩子。我们经常听到这类罪犯的抱怨是："我之所以走上犯罪道路，是因为我妈妈太宠我了。"对这一点我应该更加详述，但这里我希望强调的是，尽管不同类型的罪犯成长经历以及教养和所受的训练不同，他们其实都没有学会真正的合作之道。

也许他们的父母也想把他们培养成良好的社会公民，但却没有掌握方法。如果父母专横强权，严厉苛责，孩子很难有机会成功；如果父母娇宠溺爱，让孩子成为全家的中心，那么他们教给孩子的，就是他不需任何努力就可以是最重要的人，他不用付出努力去赢得其他人的欣赏和友情。因此，这样的孩子失去了努力奋进的意识的能力；他们总想成为注意力中心，总想获得而不是给予。如果他们找不到简捷、轻松的方式，就会责怪他人和外部环境。

现在，让我们来讨论一些具体案例，尽管这些案例并不是为了前述观点记叙的，但让我们来看看能不能在其中看到这些观点。我要讨论的第一个案例，来自格鲁克夫妇〔谢尔登·格鲁克（Sheldon Glueck）和埃莉诺·格鲁克（Eleanor Glueck），美国哈佛大学教授——译者注〕的《五百名罪犯的生涯》(500 *Criminals Careers*) 这本书中的"冷面约翰"案例。其中的当事人这样讲述他犯罪生涯的开端："我从没想过会放弃自己。一直到十五六岁，我都和其他孩子差不多。我喜欢运动，经常参加体育活动。我去图书馆，我读书，我好好学习，就是这样。然后，我父母让我退学,去工作,而且把我所有的工资都拿走了,只每个星期给我50美分。"

他在这里指责别人。如果我们深究他和父母的关系,就能看到整个家庭情况和他的整个经历。但根据已有资料,我们只能得出结论:他的父母不会合作。

"我工作了一年左右,开始和一个女孩儿约会,她喜欢寻欢作乐。"

我们经常在罪犯身上看到,他们愿意与喜欢寻欢作乐的女孩儿绑在一起。前面的阐述提到过这一点——这是一个问题,可以据此检验出他们的合作程度很低。约翰每个星期只有50美分,却和一个喜欢寻欢作乐的女孩儿在一起。这肯定不是解决爱情问题的正确方式。因为当然还有其他朴素踏实的女孩子,他解决自己的爱情问题的方向是错误的。如果是我在同样的情况中,我会说:"这个女孩儿喜欢寻欢作乐,她不适合我。"然而每个人对生活中什么重要,想法却千差万别。

"就算在N市,你也不能凭着一个礼拜50美分,给女孩子快活。我老爸又不愿意给我更多钱。我过得很困难,于是就想怎么能弄到更多钱。"

如果通过常识,应该想的是:"也许我可以更加努力,多挣钱。"但是约翰想通过不费力的轻松的方式搞到钱，他想要这个女朋友，想要享乐，其他什么都不管了。

"有一天，我遇到一个人，我们很快混熟了。"

在这里，出现了一个陌生人，这是对约翰的又一个考验。拥有良好合作能力的人不会因此被蛊惑。而十几岁的男孩儿约翰却走在了容易被蛊惑的道路上。

"他是'对的人'（意思是，他是个惯犯，经验丰富，熟门熟路，而且愿意分享，不会坑害别人），我们在 N 市干了几票——都没有被抓到，从此我就走上了偷窃之路。"

我们还了解到，约翰的父母有一栋房子。父亲是一家工厂的领班，收入勉强维持全家生计。约翰是 3 个孩子之一，也是家里唯一走上犯罪道路的人，其他家人都很老实清白。这里，我倒想听听那些遗传理论的支持者对这个案件的解释。约翰承认，他 15 岁时与异性发生了性行为。当然，很多人可能会说他那时候还小，发生性行为是被那位异性诱惑。但这个男孩儿对别人没兴趣，只想自己享乐。任何人都能诱惑他，没什么困难。其实，他是通过性寻求他人的赞赏——他想成为征服异性的英雄。16 岁时，他因为和同伙入侵私人住宅盗窃而被捕。他的其他兴趣也证明了我们的推测。他希望自己外表出众，吸引女孩子，给她们花钱来征服她们。他戴着一顶宽檐帽，头上绑着红色头巾，腰里的皮带上插着一把左轮手枪。他有个"西部逃犯"的名头。事实上，我们从中可以看出，他是个虚荣心很强的男孩儿：想要一副英雄的样子，但没有别的方式。所有控诉他的罪名，他都承认了，而且说："不止这些，还多得很呢！"可见他对他人的财产权一点儿也不在乎。

"我觉得活着没什么意义，对于所谓的人道、人性，我只有蔑视，没有其他。"

虽然约翰说得出这些貌似有意识的话，但他并未真正理解这话——他并不明白这些连贯在一起的话的真正意义。他能感觉到生活是个负担，但他并不理解为什么他总是觉得气馁。

"我学到，不要相信任何人。人们说盗亦有道，还有的人说贼不互偷，但其实并非如此。我曾经有个伙计，我对他很不错，可他却在背后害我。如果我有足够的钱，我就会跟其他人一样正直诚实：我的意思是，如果我不用工作就有足够的钱的话。我从来都不喜欢工作，我讨厌工作，永远不想工作。"

我们可以把他上面这段话理解为："是压抑导致我犯罪。我一直压抑着我的欲望，所以最后只好犯罪。"这样的信念值得我们深思和讨论。

"我从来没有存心故意犯罪。只是刺激和勾引总是存在，结果就是我们开车到某个地方，偷走想要的东西，然后逃离。"

他相信这是英雄行为，而看不到其背后自己的懦弱。

"以前我被抓到过一次。那次我偷了价值1400美元的珠宝，可是我不懂，只想着去找我的女朋友，所以卖的钱只够去看她的路费。而且结果还被警察抓了。"

这样的人在女孩儿身上大把花钱，认为这是轻而易举的胜利。他们相信这就是真正的成功。

"监狱里有学校，我会参加所有的学习——不是为了洗心革面，而是为了让我自己对社会更危险！"

这是对人类社会极度恶毒的态度。不仅如此，而且他对人类繁衍都痛恨不已。他说："如果我有孩子，一定会拧断他的脖子。创造另一个人，把他也带到这个世界里，多么罪恶深重啊！我当然不会那么做！"

那么，我们怎么改造这样的人呢？只有帮助他改善合作能力，帮助他看到他生活观的错误之处，除此之外别无他法。我们只有追溯他在童年时期形成的错误才能来劝服他。这个案例中很多信息没有相应的描述，而我认为那些信息很重要，例如他的童年和家庭情况。如果让我猜测的话，我猜他可能是长子，起初作为家里唯一的孩子，受到父母很多宠爱。然后因为第二个孩子的出生，他觉得自己被赶下王位。如果我的猜测正确，那么即使这样的正常现象也会阻碍其合作意识与能力的发展。

约翰还提到，他在管教违法青少年的工艺劳作学校的经历相当残酷；最后离开学校时，他对社会的痛恨更加强烈。这里我必须强调，从心理学角度讲，监狱和管教机构中的严厉教育，其实是对囚犯和被监管人员心理的挑战，会形成两股力量的较量。类似的还有，当囚犯们不断听到"洗心革面、重新做人"这类教育言辞时，他们不但不听，还会把它当成挑衅。因为他们想做英雄，巴不得发生较量。他们把这当成竞技比赛：社会在挑战他们，认为他们必定低头，而他们则会竭尽全力坚持到底。假如一个人认为他在和全世界对抗，那挑战反而最会刺激他战斗至死！看看谁能撑到最后！违法的孩子们和成年罪犯一样，也受到这样错误的"我要成为强者"的毒害，而且认为只要自己够聪明就不会被抓住。有时候在劳改机构里，违法的青少年还会挑衅成年罪犯，这也是极为恶劣的行径。

现在，请让我展示一个谋杀犯的日记。他因为谋杀被处以绞刑。他残忍地杀害了两个人，并且把自己的计划都写了下来。这个杀人犯的日记给我提供了素材，可以描述罪犯的计划和心理。

每个罪犯在犯罪之前都会做出计划，他们在计划中为自己的行为做出合理的解释。有很多类似的自白书，我从没看到过诚实简单、直截了当的罪行计划，也从未见过哪个罪犯不为自己的罪行辩解。这个现象，恰恰反映了社会兴趣的重要性。社会兴趣与生俱来，即使是罪犯，他也有社会兴趣，也无意识地希望自己的行为与社会兴趣一致。然而与此同时，他们犯罪之前，又必须设法消除自己的社会兴趣，突破社会兴趣的良心壁垒。陀思妥耶夫斯基的著名长篇小说《罪与罚》中，描写了拉斯柯尔尼科夫在床上躺了两个月，思忖他是否要去犯罪。最后他给自己找到了一个可为自己开脱的想法："我是拿破仑，还是一只跳蚤？"罪犯们就是这样自欺欺人，为自己鼓起勇气。因为事实上，他们内心知道自己的行为对社会无用，他们也知道对社会有用的行为是什么。但是他们拒绝有用的行为，因为他们懦弱；他们懦弱，是因为他们没有对社会有用的能力和品格。生活中的难题需要他们合作，而他们对合作之道一窍不通。之后，罪犯们想要从有关社会兴趣的思想负担中解脱出来，他们会责怪外部环境，以此来给自己寻找合理化的解释与借口，例如疾病、失业等等。

下面是这个杀人犯日记的摘抄：

"人们离弃了我，讨厌我、蔑视我（他显然很爱面子），我的痛苦几乎将我摧毁。没有什么可值得我留恋了，我无法继续忍受了。也许我就这样对煎熬悲惨认输吧，听天由命。可是我的肚子很饿，肚子可不由摆布。"

他在为自己的罪行寻找情有可原的解释，他的肚子饿。

"有人预言说我会死在绞刑架上。但我的想法是，'饿死和绞死有什么区别？'"

有个类似的例子是，一位母亲对她的孩子说："总有一天，你会掐死我！"结果这个孩子在他17岁的时候掐死了他的阿姨。这类所谓的预言所起到的作用和挑衅几乎一模一样。

"我才不在乎后果。反正也是一死。我不足挂齿，孤身一人了无牵挂。我喜欢的女孩儿也离我而去。"

他想要勾引那个女孩儿，但他既没有体面的衣着，也没有钱。而且他把女孩儿视作他的所有物。这就是他对爱情和婚姻问题的解决方法。

"一直都是这样，要么获得救赎，要么彻底灭亡。"

我需要特别强调这样的信念,但是由于版面限制,我只能简述。这样的人充满矛盾,十分极端。他们就像小孩子,要么全有、要么全无——"救赎或绞死""救赎或毁灭"。

"我为了周四做好了一切准备。已经选好了目标,就等机会来临。等机会到了,我会做出别人都做不了的事情!"

在他自己眼里,他是个英雄,"这很恐怖,别人都做不了!"他用刀杀死了一个陌生人,确实出乎所有人意料。确实不是每个人都会这样做!

"就像牧羊人驱赶羊群,饥饿驱赶人们犯下黑暗的罪行。可能我再也见不到明天的太阳了,但我不在乎。最痛苦的就是饥饿的煎熬。我忍受的是最痛苦的煎熬。最后的烦人事,是接受他们的审判。人当然要为罪行受惩罚,但这样死也比饿死好。如果我饿死,没人会留意我。而现在,想想会有多少人知道我!说不定还会有人同情我呢。既然做了决定,就一定要干。没人像我今晚这么害怕过。"

所以,他其实并不是他所想象的英雄!法庭质询时他说:"虽然我没有刺中那个人的要害,但我确实杀死了他。我知道我会上绞刑架。但是那个人穿的衣服真高级,我一辈子也没有那样的衣服。"现在他不再用饥饿作为理由，而改成了衣服。他还央求说："其实我不知道自己做了什么。"我们也经常看到类似这样的央求和辩解，有时候罪犯会在犯罪前喝酒，然后以醉酒作为开脱罪行的理由。所有这些，都显示出他们为了突破社会兴趣的良心壁垒付出了多么大的努力。每个罪犯的生涯中，我相信都能找到这个关键点。

现在我们面对的是真正的问题，应该怎么做呢？如果我的判断正确，每个罪犯都是缺乏社会兴趣并且没有学会合作的人，追求自我虚假的个人优越感，那么我们要怎么做呢？

对待罪犯，和对待精神疾病患者一样，我们只能先成功地赢得他们的合作。这一点怎么强调都不为过：如果我们能够赢得罪犯对人类共同福祉的兴趣，如果我们能赢得他们对其他人的兴趣，如果我们能训练他们合作，如果我们能帮助他们走上通过合作解决生活难题的正轨，就能解决所有问题。如果我们不能做到这些，将一事无成。这个任务看起来简单，做起来却不容易。让他们过毫不费力的生活，或让他们的生活更艰难，都不能赢得他们；指出他们的错误，和他们争辩，也不能赢得他们。他们心意已决。

如果我们想要改变他们，则必须找到他们行为模式的根源。必须找到他们的失败最开始源于何处，以及刺激这些失败的环境因素。人们在四五岁时就形成了主要个性特质：罪犯们在四五岁形成的对自己、对世界的错误观念，也会在其日后的犯罪生涯中体现出来。我们需要理解和纠正的，正是这些根源性的错误。我们需要弄清他们的生活态度最初是如何发展的。

之后的生活中，罪犯会用已经形成的生活态度来合理化地解释自己的生活经历。如果出现与他的生活态度不相符的经历，他会再三思量、扭曲事实，让相应经历变得符合自己的生活态度。比方说，假如一个人的生活态度是"别人都是利用我，羞辱我"，他就会找到无数例证，证明自己的生活态度是正确的。而且他只会关注和这个态度相符的例证，而不会在意不相符的经历。罪犯只关心自己和自己的观点。他们有自己的行为方式，对不同意他们生活态度的人毫无兴趣。因此，如果我们不理解他们的生活态度，不理解他们根据生活态度对自己进行的训练，不理解他们生活态度的起因，就不能赢得他们的合作。

这也是严厉刑罚并非真正有效的原因之一。罪犯反而会把严厉刑罚视作确凿的证据，证明社会确实充满敌意、无法合作。可能类似的经历在他们上学时就开始了。因为他们没有接受合作的训练,所以在学校功课落后、调皮捣蛋,结果被惩罚训斥。这样的方式能够鼓励他们合作吗?他们只会觉得环境更加无望,觉得所有人都针对他们。如果我们自己总遭到惩罚、训斥,我们会喜欢那个环境吗?孩子们因此失掉自信,对学业、老师、同学都失去兴趣。会开始旷课逃学、藏在不会被找到的地方。而且在那些地方,他们会结交有类似经历、走上同样道路的朋友。他们相互理解,不会指责训斥;相反的是,他们会相互赞赏,刺激彼此的野心,更加强化他们对社会无用的那一面。自然而然,因为这样的孩子对生活难题真正的解决方法没有兴趣,所以他们当然会把对方当成朋友,把社会看作敌人。他们都是同道中人,彼此惺惺相惜。就是这样的心理,使得成千上万的孩子加入犯罪组织;如果日后他们成为罪犯,我们还用前面的方式对待他们,那么只能更让他们相信,我们是敌人,其他罪犯才是朋友。

事实上,这样的孩子完全不应该被生活的难题打垮,我们绝不应该让这样的孩子丧失希望。只要我们对学校和教育做出调整,激发学生的勇气和信心,就能轻松地防止孩子们误入歧途。关于这一点,稍后还会详述。这里我是以此作为例子，说明罪犯会把惩罚当作社会与他为敌的证据，正如他一贯认为的那样。

严厉惩罚无效还有其他原因。很多罪犯并没有太多活下去的意愿，其中很多人一生中经历过很多处在自杀边缘的时刻。严厉惩罚吓不倒他们。而且他们想要战胜警察和法律的欲望远远大过活着的愿望，因此认为惩罚不足挂齿。这就是他们对挑战的应对方式。如果司法人员很严厉，或者他们受到苛刻对待，他们定会抗争到底。而且这也会刺激他们"道高一尺、魔高一丈"的决心。正如我们前面所阐述的，这是他们一贯的诠释。他们将自己和社会的每次接触，都看作一场交锋，一场他们一定要战胜对方的交锋。如果我们也把他们当成敌人，那就正中他们的下怀。这样的话，即便电椅这样的死刑刑具也会被他们视为挑战。罪犯们会为此不择手段，惩罚力度越大，他们展现自己技高一筹的欲望就越强烈。罪犯的这个心理很容易证明。例如，一位即将被处以电椅死刑的罪犯，不是花时间悔改，而是处心积虑地思考：要是我当时没把眼镜落在现场就好了。

我们唯一的补救方法，是找到罪犯在其童年时期形成的、妨碍他们合作的个性特征是什么。在这一点上，个体心理学在黑暗中打开了光明之门，使我们看得更加清楚。

到了 5 岁左右，一个孩子的心灵世界基本形成，其人格特质不同脉络形成一个整体。当然，遗传和环境也对孩子的发展有影响。但是我们需要更多考虑的，不是孩子本身的遗传因素，也不是外部环境本身，而是孩子对遗传和环境如何解释、如何利用、如何影响。这一点其实更加有必要深思熟虑，因为我们无法得知和控制什么会被遗传、什么不会被遗传。我们必须思考，孩子在环境中发展的各种可能性以及他对环境如何利用。

所有罪犯的共同点是，他们都尚存一定程度的合作能力，只是不足以应对社会生活的正常需要。对此，第一责任人是他们的母亲。母亲必须懂得如何扩展孩子和自己的联结，如何将孩子对自己的兴趣扩展至其他人。她必须通过自己的言传身教，帮助孩子对自己的将来和整个人类产生兴趣。然而，有些母亲却并不希望孩子对他人感兴趣。也许她的婚姻不幸福：父母双方意见不合，正在考虑离婚，或者相互猜忌、妒嫉。由于这个原因，母亲希望把孩子永远绑在自己身边，溺爱他，宠爱他，不让他独立。显而易见，这样的情况下孩子几乎无法发展合作能力。

对其他孩子的兴趣也对发展社会兴趣至关重要。有的时候，如果母亲很宠溺其中一个孩子，则家里其他孩子会不愿意跟这个孩子发展手足之情。当孩子的这种误解发展至极端，则很可能成为犯罪心理的起源。如果家里有一个孩子天赋出众，那么紧跟他前后的孩子则可能成为问题儿童。比方说，如果次子甜美乖巧、讨人喜欢，那么他的哥哥可能会认为自己得不到很多爱。这样的孩子很容易发展出"我被忽视"的负面有害信念。并且他还会到处搜集证据，证明自己的信念正确。基于这个信念，他的行为会越来越差，别人就会更严厉地指责和批评他，而这又反过来印证和强化他的信念是正确的。由于他认为自己被人忽视、爱被剥夺，他可能会去偷窃；接下来他被抓到，被惩罚；现在，他更相信自己不被爱，更相信他人是敌人，形成负面循环。

父母在孩子面前抱怨生活艰难、环境困苦，也会对孩子发展社会兴趣造成障碍。同理，还有的父母在孩子面前抱怨和指责亲朋好友，批评他人、显露对他人的恶意和偏见。如果在这样的家庭中长大的孩子，对他人的看法扭曲、负面，甚至转而攻击反对自己的父母，我们不必感到惊讶。社会兴趣的生成被阻碍，剩下的只有自私之心。这样的孩子会想：我凭什么要为他人着想？而这样的想法其实并不能帮助他有效解决生活中的难题，他势必转而寻找轻松容易、不费吹灰之力的捷径。他发现努力解决问题太难，并对伤害他人毫不在意。他会认为，既然这是场战争，当然要不择手段取得胜利！

请允许我举几个追溯罪犯生活模式发展的例子。在一个家庭里，次子是个问题儿童，而根据我们的观察，他健康状况良好，没有遗传疾病。他的哥哥是家里的宠儿，因此这个男孩儿竭尽全力想要赶上哥哥。仿佛哥俩之间是一场赛跑，他必须赶超前面那个选手。他的社会兴趣没有得到发展——他非常依赖妈妈，希望妈妈对他有求必应。而他要赶超哥哥这个任务几乎不可能实现：哥哥在学校名列前茅，而他则成绩总是垫底。这个孩子想要统治驾驭别人的意图非常明显。家里有位年长的女佣，他总是命令她在房间里像士兵那样走正步，而这位女佣很喜欢这个孩子，因此也很愿意和他玩儿这个游戏，甚至他都20岁了，还跟他玩儿这个"将军与士兵"的游戏。他对自己的学业、工作总是不情不愿，觉得"压力山大"，而事实上他什么都没有做成过。只要手头拮据，他就向妈妈张口要钱，虽然会被指责，但最后总能拿到钱。后来，他忽然闪婚，生活困难增加了。但他并不在乎，他在意的是赶在哥哥之前结婚，并认为这就是他的一大胜利。而这一点恰恰映射了他的自我评价很低——通过这样可笑的方式取得所谓胜利。他其实并没有为婚姻做好准备,经常和妻子吵架。当妈妈不能像以前那样给他提供足够的经济援助时,他订购了一架昂贵的钢琴,但没有付钱,而且转手把钢琴卖了。他为此被送进监狱。通过他的经历,我们可以看到其童年时期埋下的人生失败的种子。他在哥哥的阴影下长大,好像被遮蔽在大树树荫下的小树。他和优秀、出众的哥哥比较、竞赛,并借此认定自己被轻视、被冷落。

我要举的下一个例子是一个 12 岁的女孩儿,她很有野心,被爸爸妈妈宠溺娇纵,直到妹妹出生。她很嫉妒自己的妹妹,不论在家还是在学校,她都要和妹妹一较高下。她总在搜集妹妹比自己更受宠的证据,比如妹妹得到的糖果更多、钱更多等等。有一天,她偷了同学的钱,被发现了,并且因此受罚。幸运的是,我有机会和她交谈,向她解释了整个情况,帮助她摆脱了一定要和妹妹竞争的信念。同时,我也和她的家人进行了沟通,他们通过努力停止了姐妹俩的手足之争,避免给她造成妹妹更受宠的印象。这件事发生在 20 年前。现在,那个女孩儿是一位正直的女性,已结婚生子,没有再犯过重大错误。

前面已经详述了对儿童发展有危害的各种情况,现在我们来做个简单的总结。如果个体心理学的这些发现和观点正确，那么我们必须强调：只有看清罪犯在其成长过程中是如何在这些情况下发展出犯罪心理的，我们才能真正帮助他们发展合作的信念与能力。在合作方面容易出现困难的有3类儿童：第一类是生理器官有缺陷的儿童；第二类是被宠坏的儿童；第三类是被忽视的儿童。生理器官有缺陷的儿童觉得自己的很多权利天生被剥夺，除非专门特意训练他们对他人感兴趣，否则他们很自然地只关心自己。他们会寻找机会主宰别人。我曾经看到一个案例，有一个生理器官有缺陷的男孩儿被他所喜欢的女孩儿拒绝，觉得自己受到了侮辱，竟然唆使一个年龄更小、心智低下的男孩儿去谋杀那个女孩儿。第二类被宠坏的孩子总是和宠溺他们的父母绑在一起——他们的兴趣无法扩展至其他人。第三类是被忽视的儿童，事实上没有哪个儿童被完全忽视，否则他们活不过出生后的第一个月。但是我们可以笼统地将某些孤儿、私生子、弃婴、丑陋畸形儿称为被忽视的儿童。

综上所述，我们很容易理解，罪犯可以大致分为两类，即长相丑陋被忽视的和长相漂亮被宠坏的。

通过我亲自接触罪犯，再加上我在书籍和报纸中读过的罪犯案例，我努力探求罪犯的人格结构。而我发现，个体心理学在这方面很有帮助。请让我从古老的德国图书——安东·冯·费尔巴哈（Anton Von Feuerbach）的书中，选取几个例子来做进一步说明。顺带提一下，我常常在古旧书籍中读到对犯罪行为的最佳描述。

【案例一】康拉德·K.（Conrad K.）之案

康拉德伙同他人杀害了自己的父亲。从小，他的父亲对他要么不管不问，要么严厉对待，而且对整个家庭不负责任。有一次这个男孩打了父亲，后者把儿子告上了法庭。而法官对康拉德说："你有个脾气暴躁、性格乖戾的父亲，真是没办法。"我们看到，法官在这里给康拉德提供了借口。他们家里人也尽力帮助他们解决矛盾，希望父子二人重归于好，但都无济于事。他们遇到了难题，而且解决无望。后来，父亲把一个声名狼藉的女人领回家同居，把儿子扫地出门。后来，这个男孩儿认识了一个工人，他性格极其卑劣残忍，喜欢把鸡的眼睛挖出来。这个工人鼓动康拉德杀了父亲。康拉德开始还为了母亲而犹豫不决，但后来经过长时间挣扎考虑，他最后同意了，在这个工人的帮助下杀害了自己的父亲。我们可以看到，这个孩子的兴趣甚至无法扩展到自己的父亲身上。他只和母亲联结紧密，只考虑母亲。而且他花了很长时间为自己的计划找到合理化的解释，并借此突破最后一层社会兴趣的良心壁垒。得到那个生性残忍的工人的帮助后，他人性中恶的一面发作，实施了犯罪。

【案例二】玛格丽特·茨万齐格尔（Margaret Zwanziger）之案

玛格丽特被称为"著名的毒药杀手"。她在孤儿院长大，身材矮小畸形。个体心理学的分析结论是她得不到他人的关注和喜爱，因此很焦虑。她对人礼貌有加，甚至到了卑躬屈膝的地步。她有过一些恋爱经历，但都以失败告终。她几近绝望，然后竟然先后对3个女人下毒手，想要毒死她们，以占有她们的丈夫。她觉得自己爱情方面的权利被剥夺了，想不择手段"拿回属于我的"。她还尝试过假装怀孕、自杀等手段，想要留住这些男人。在她的自传里（很多罪犯以写自传为乐），她写道："每次我犯下罪行，都会想：反正也没人为我难过，那我让别人难过就没什么好担心的！"

她并不明白自己的这个心理，但她的记叙却无意间为个体心理学提供了例证。通过这些记叙，我们能看到她是如何一步步走上犯罪之路，给自己以心理刺激并寻找借口的。有个现象十分有意思——每当我建议罪犯们练习合作的时候,他们都会说:"但是别人对我没兴趣!"我的回答总是:"总得有人先开始。别人不合作是他们的事。我的建议是,不管别人是否愿意,你自己先开始合作。"

【案例三】N. L. 之案

家里的长子,缺乏教养,一只脚是跛足。他在家里承担了父亲的角色教养弟弟。我们可以猜测,他的优越感目标在这里以对社会有用的方式体现出来,而这也可能是他出于骄傲和喜欢炫耀的目的才如此。后来,他把妈妈赶出家门,逼她上街乞讨,对她说:"滚吧,你这个畜牲!"我们为这个男孩感到悲哀:他对自己的妈妈都没兴趣。可惜我们不了解他的童年,否则就能更清楚地知道他如何走上犯罪的道路。有很长一段时间,他没有工作、没有钱,还染上了性病。有一天,他求职无果,在回家的路上,为了拿走弟弟那一点点微薄的收入,他残忍地杀死了弟弟。我们从中可以看到他几乎没有社会合作能力:没有工作,没有钱,身染性病。每个人的合作能力都很有限,超过合作能力的极限,人们会不知所措。但他的合作能力则几乎没有。

【案例四】某个男孩

有个孩子在孤儿院长大，后来被一对夫妇收养，他们把他宠上了天。他是个被宠坏的孩子。虽然他很聪明，但他总想被人关注，总想要高人一等。而他的养母还鼓励他这样，并爱上了他。后来他成了一个十足的骗子，到处骗人钱财。他的养父母属于低阶贵族，他也一副贵族做派，挥霍了他们的所有钱财，最后还把父母逐出家门。恶劣的成长经历和宠溺娇纵的养育，已经让他无法从事正常的工作。他认为只有通过谎言和欺骗才能克服生活中的难题。秉承这样的信念，每个人在他眼里都是可以欺骗的敌人。他的养母宠他甚至超过自己亲生的孩子和丈夫，这样的养育让他认为自己理所应当什么都有，然而他的行为方式却反映出他其实对自己的评价极低，不相信自己可以通过正当方式获得自己想要的。

前面已经提到过，任何孩子都不应该体验勇气受挫之苦，那样所导致的深切的自卑感对培养他们的合作精神与能力毫无益处。人们不应被生活难题打败。罪犯们选择了错误的应对方式，而我们必须向他们指出错误之处和错误之因，我们还必须鼓励他们发展对他人的兴趣，帮助他们看到犯罪是懦弱而不是勇敢的表现。我相信，这样就可以打破罪犯最大的自欺欺人的谎言，孩子们将来也不会想让自己走上犯罪的道路。在所有的罪犯有关其生涯的描述中，不论是否精确，我们都能看到童年时期形成的错误生活模式及其影响，都能看到那是缺乏合作的生活模式。

我要说的是，我们必须训练他们合作。合作的能力不是来自遗传。每个人都有合作的潜力，这一潜力与生俱来，它是人类的共性，但必须通过训练和实践才能将潜力发展出来，形成合作能力。除非我们培养出能合作却愿意成为罪犯的人，否则其他关于罪犯的观点都没有存在的必要。我自己没见过这样的人，我也没听说过别人见过这样的人。合作精神与能力培养的程度和预防犯罪的程度成正比。只有意识到这一点，我们才能有效预防犯罪。合作精神与能力可以传授，和地理知识可以传授同理。因为它们都是真理，而真理是可以传授的。假如一个孩子或者一个成年人，从没学过地理课程而参加地理考试，那他肯定考得一塌糊涂。同理，如果一个孩子或者一个成年人，从没学习过合作，而面临需要合作解决的生活难题，那他也会失败。我们所有的难题都需要某种程度的合作。

我们对于犯罪的科学性调研已经接近尾声，现在我们必须鼓起勇气面对现实。几千年来，人类始终没有找到对犯罪的正确解决方法。曾经采用的所有方式，看起来都不能真正解决犯罪问题，犯罪持续存在于人类生活中。而我们的调研展示了这背后的原因：我们没有采取正确方式改变罪犯的生活模式，没有采取正确方式预防错误的生活模式。如果不能做到这个，什么方法都无效。

让我们来做个总结。我们已经看到，罪犯并不是人群中的异类；他们和其他人一样，也是人，他们的行为是人类众多不同行为中的一类。这个结论十分重要：如果我们理解犯罪不是孤立存在的现象，而是和生活模式息息相关，我们就能理解罪犯的心理，理解他们是如何走上犯罪道路的。这样，我们就不会觉得罪犯们面对的是孤立无援的难题，而会有信心、有方向帮助他们做出改变。我们发现，罪犯们缺乏合作的心理和行为已经由来已久，他们缺乏合作的根源可以追溯至其童年四五岁时。在那个时期就埋下了阻碍他们对他人发生兴趣的种子。前面我们阐述了这个阻碍与母亲、父亲、童年伙伴、社会歧视、环境遭遇以及其他因素之间的关系。我们也解析了各种不同的罪犯、各种不同的失败者，他们最大的共通之处就是都缺乏合作精神，缺乏对他人的兴趣，缺乏对人类共同福祉的兴趣。假若我们希望为纠正他们的行为做出努力，那么就必须培养和传授给他们合作之道。想要取得这方面的成就，别无他法。一切都取决于合作的能力。

关于合作，罪犯和其他失败者有一点不同。通过长期固有的训练，他已经丧失了通过正常方式获得生活成功的希望。其他的失败者也如此，然而，罪犯在犯罪行为方面却保持很高的活跃度，只是他们的活跃行为存在于对社会无用的一面。在对社会无用的这一面，他们很活跃，从某种角度讲，他们在合作，只是他们的合作对象是跟自己同流合污的人，是狐朋狗友，是其他罪犯。这一点是他们与其他失败者（例如精神疾病患者、自杀者、嗜酒者）的不同之处。然而即使他们有合作的一面，这种合作却有极大的局限性，只限于他们的犯罪行为——甚至不是犯罪的所有领域，而是不断重复同样的罪行。他们的世界只有这么大，他们陷入其中，无法挣脱。通过这个角度，我们也能看出他们其实极其缺乏勇气。勇气是合作能力的一部分，罪犯们不能合作，这也反映了他们缺乏真正的勇气。

罪犯花大量时间和精力在思想和情绪方面为犯罪行为做准备：白天清醒时准备，晚上在梦里也要为突破社会兴趣的良心壁垒做准备。他四处搜寻借口和合理化解释，搜寻他是"被迫"犯罪的托词。毕竟，突破社会兴趣壁垒并不容易，良心会天然抵抗。然而一旦他决定要犯罪，他就会给自己找到心理出路，突破这个壁垒——可能是不断思考自己受过的冤屈，也可能是积攒仇恨与恶意。这个心理可以帮助我们理解，罪犯对周遭境遇的解释，其实是在强化自己的态度；也能帮助我们理解，与之争执对错，其实毫无用处。他只通过自己的有色眼镜看世界，和谁争辩都不在话下。如果我们不理解他的生活态度的发展历程，我们就无法帮助他做出改变。但是，我们拥有一个罪犯无法抗拒的有利之处——我们对他人的兴趣，我们对他人的兴趣能够帮助我们了解他，找到帮助他的真正有效的方法。

当罪犯面对生活难题却没有勇气以合作的方式应对而只想走捷径时，就会开始筹谋和计划犯罪。比如，当他经济拮据但又不想通过正当方式努力挣钱时，就会想要犯罪。和其他人一样，罪犯也在寻找安全感和优越感，也想解决难题，克服障碍。然而，他努力的方向却偏离了社会正轨。他的目标是只对他有意义的个人优越感目标，他以为通过战胜警察、法律、社会约束就能达到目标，获得所谓的成功。这是他给自己设计的游戏——挣脱法网，逍遥法外。比如，有的罪犯认为能够毒杀他人简直是个人丰碑，并会用这个信念一直自欺欺人。大部分罪犯在第一次落入法网之前，都多多少少有过侥幸逃脱的经历。当他们被抓住以后，只会想：如果我再聪明一点儿，他们肯定抓不住我。

综上所述，我们可以看到罪犯的自卑情结。他们逃避工作所需的品质和技能，逃避和他人产生联结的生活方面的要求。他们不认为自己能获得正常意义上的成功。然而，他们不与他人合作的自我训练实际增加了他们的难题——大部分罪犯都没有一技之长。他们发展出虚假的优越感情结，以掩盖实际的自卑感。他们认为自己聪明而勇猛，出类拔萃。然而，我们会把从生活一线逃走的人称为英雄吗？罪犯其实都是活在自己的幻想里，他们看不到真正的现实；他们也不愿意看到现实，不然他们就得放弃自己的幻想。所以他们想的都是类似于"我是世界上最厉害的人，因为随便谁我都能杀死"或者"我比其他人都聪明，因为我能实施犯罪，还不被抓到"这样的内容。

我们也辨析确认了罪犯心理模式的根源：罪犯在其童年时期通常有着过重的心理负担，或者曾经是被宠坏的孩子。有先天性生理器官缺陷的儿童也需要特别关注，引导他们对他人产生兴趣，这样就能将他们带离未来可能的犯罪之途，否则他们只对自己有兴趣，无法发展健康的心理。被忽视的儿童、弃婴、不受欢迎的儿童、不被欣赏的儿童，也是类似的情况：他们从未体会过与他人合作；他们从未学过自己有可能被他人喜欢，可以赢得他人的关爱，能够通过合作解决难题，他们没有这样的亲身经历。而被宠坏的孩子也没有学过通过自己的努力获得成功；他们自以为是地认为只要自己想要什么，这个世界就迫不及待地奉上。而如果他们不能遂愿，就会认为自己受到了不公正待遇，并拒绝合作。在每个罪犯的经历中，我们都能追溯到前面所述的这些童年经历和信念。他们没有接受过合作方面的训练，他们没有合作的能力；遇到生活中的难题时，他们不知所措，不知道怎样才是正确的方式。所以，我们知道，我们必须教给他们合作之道。

我们已经拥有犯罪及预防方面的知识，目前为止也拥有了足够的经验。我相信，个体心理学给我们提供了改变每一个罪犯的方法。然而，可以想象，对每一个罪犯都提供一对一的心理治疗，改变他们长期以来的生活模式，这将是一件多么艰巨的工作！很不幸，在我们当今的社会文化中，一旦生活难题达到一定程度，大部分人就会放弃合作，而不是更加努力。所以，世事艰难时犯罪率便显著上升。如果我们要使用个体心理学的方法预防犯罪，那我们要治疗的人恐怕是人类中的大部分，我觉得这对矫正和预防犯罪并不实际可行。

然而，我们可以做的事情还有很多。我们确实不能矫正每个罪犯，但是我们可以设法降低那些心理相对脆弱的人的生活负担。例如，提高就业率、提供职业训练，力图保障每个愿意工作的人都有工作。这是降低生活困难程度，以便大部分人不至于因此放弃合作的唯一办法。毫无疑问，这样能够极大降低犯罪率。我并不知道当今社会是否已经为此做好准备，但我可以确定，我们应该朝着这个方向付诸努力。除此之外，我们还应该训练儿童为未来职业生涯做好准备，给他们提供合适的教育和相应的活动，活动范围应该尽可能广阔。同样的，监狱里也应该提供这样的教育。这方面，从某种程度上讲我们已经付出了努力，现在要做的可能是继续付出这些努力。我相信给每个罪犯提供一对一的心理咨询并不现实，但是我们却可以提供群体心理咨询。例如，我建议将一群罪犯组织起来，一起讨论社会生活问题，就像我们在这里讨论一样。我们可以向他们提问题，请他们自己回答；我们应该借着讨论启发他们的头脑和心灵，将他们从以往的长期幻想中唤醒；我们应该帮助他们抛弃对这个世界的错误诠释，抛弃他们对自己的低估和自卑感；我们必须教导他们，不要限制自己，不要害怕面对生活中的难题。我相信，通过这样的群体心理咨询，我们能够在矫治犯罪方面取得巨大成功。

我们还应该消除会被罪犯和弱势群体视为挑战的社会因素。例如，当社会贫富差距加剧，贫穷群体会容易产生仇富心理，视富人为挑战。因此，我们应该竭尽全力铲除社会上的奢侈炫耀之风：大力宣传报道个人的巨大财富，这实属毫无必要。

我们前面还了解到，用挑战的方式激励问题儿童和后进儿童其实完全无效。他们坚持那样的态度，正是因为这会让他们认为自己在和周围的环境作战。罪犯也是同理，全世界范围内，我们都能看到警方、法庭，甚至是我们制定的法律，都在挑战罪犯，刺激他们的斗志。威胁恐吓对罪犯无用，如果我们在媒体报道上更加低调，不提及罪犯的姓名，甚至不对他们的罪行进行大篇幅报道，可能会更好。我们要相信，严厉制裁和宽松纵容都无法真正改变罪犯。只有他们自己理解现实处境，才能发生改变。当然，我们还要保持人道主义。我不认为死刑能够震慑犯罪：如前所述，死刑有时只能更加激化矛盾，就算罪犯坐上了电椅，他们想的还是都因自己不够聪明才被抓到。

如果我们增加在制止犯罪行为方面的投入，也会很有帮助。据我了解，至少40%甚至更多的罪犯逃脱了制裁，而这样的事实会助长犯罪气焰。几乎每个罪犯都有过犯了罪而未被抓住的经历，而他们借此增长经验。我们当今社会在这方面已经有所改善，请朝着正确方向前进。还有很重要的一点，那就是不论是服刑中还是出狱后，罪犯都不应该被羞辱。如果能找到合适的人选，增加假释监督官的数量是个有效的办法；假释监督官们需要理解社会问题以及合作的重要性。

通过上面的这些方法，我们可以减少犯罪数量，但依然与我们所期望的相差甚远。幸运的是，我们还有其他方法，而且相应的方法已经被证实既可行又成功。我们可以培养儿童的合作能力，发展儿童的社会兴趣，这样犯罪率就会极大降低，并且效果也指日可待。这些儿童在将来遇到生活难题时，将不容易被煽动蛊惑，不论他们遇到的难题是什么，他们对他人的兴趣都不会被全部摧毁；他们通过健康方式解决生活难题的能力和程度，会比我们这一代人更高。大部分罪犯其犯罪生涯开始得相当早，很多从青春期就实施犯罪行为，而15岁到28岁是犯罪高峰期。因此，我们对儿童合作精神的培养可以很快见到效果。不仅如此，我还能肯定，被正确培养合作之道的儿童还会对其家庭产生影响。独立、有远见、乐观、发展良好的儿童对父母来说也是慰藉和支持。合作的精神会普及至全世界，人类的社会风气会上升到一个更高的层次。我们影响儿童的同时，也应该影响家长和教师。

现在唯一的问题是，这个教育的最佳切入点是什么，什么样的方式能帮助儿童发展出他们日后面对生活难题所需的合作技能。也许我们可以培训所有的家长？并非如此，这个方式希望渺茫。有些家长很难保持联系。那些最需要培训的家长往往是根本见不到面的家长。既然无法培训所有家长，那么我们必须另寻他路。也许我们可以培训所有儿童，把他们都聚集起来，封闭训练，严密检视？这个方法也不好。但是，还有一个更可行、更有效的方式，即我们可以利用教师和学校，使其成为推动社会进步的力量：我们可以培训教师，让他们纠正儿童在家庭中的错误，发展儿童彼此间的社会兴趣。这也十分顺应教育的发展方向。正是因为有些家庭无法培养孩子面对未来生活难题的能力，人类才建立了学校，作为家庭教育的延伸。那我们何不利用学校，使得人类更具社会性、更加合作、对人类共同福祉更感兴趣？

你会看到，我们的教育必须建立在这个理念之上。请允许我简单总结：当今生活中我们之所以能拥有和享受的一切，都是因为前人付出了努力，做出了贡献。如果一个人不与他人合作、对他人没有兴趣、没有做出贡献，当他离开这个世界时，他的整个生命不会留下痕迹。只有那些做出贡献的人，他们的成就能得以留存于世。如果我们的教育理念以此为基础，我们的孩子就会发展出真正自然的合作精神。当他们面对生活中的难题时，他们不会软弱，而是有足够的力量应对即使最艰难的境况，并且通过符合人类共同利益的方式解决难题。

X. Occupation

第十章

职业

人类受到的3个限制，给人类带来生活中的3个问题。没有任何一个问题可以单独解决，3个问题相互关联、相辅相成。第一个限制带来的是职业方面的问题。我们生活在这个星球的表面，各种资源，例如土壤资源、矿产资源、天气和大气资源等等，都十分有限。在这些条件限制下找到问题的正确解决方法始终是人类的任务，时至今日，我们还不能说已经找到了终极正确的答案。人类历史的每个发展阶段都会在这方面取得一定程度的成就，即便如此，我们也依然需要不断进步，力争更多成就。

解决职业方面问题的最佳方法来自第二个限制。第二个限制是每个人都属于人类这个物种群体，必须与他人共存。如果地球上只有一个人，那么他的行为心态势必与现在完全不同。我们必须互相依靠、互相调整，对彼此感兴趣，人类才能生存和发展。因此，第二个问题——伙伴关系方面的问题，必须通过友谊、社会兴趣和合作加以解决。而这个问题的解决又会对第一个问题的解决大有裨益。

正是因为人类学会了合作，社会分工这个伟大的发明才得以实现，而社会分工保障了人类共同的福祉。如果人类不分工合作，无法得以利用前人的各种成果，而是一个人从零开始，在地球上独自生存，那么人类这个物种将无法繁衍，将会消亡。分工合作使得我们可以利用不同的工作、不同训练的成果，而这些成果都对人类的共同福祉做出贡献，降低人类的不安全程度，增加人类社会所有成员生存和发展的机会。我们不能夸口说人类的分工合作已经尽善尽美，达到了最高程度。每个试图解决职业问题的努力的最大前提，都是人类需要分工合作，以及我们要为他人的利益做出贡献。

有些人力图逃避职业问题，不想工作，或者对他人没有兴趣。但是，我们总能看到，当这些人逃避工作时，他们其实恰恰依赖于他人的支持。通过不同的生活方式，他们总是在享受他人的劳动成果，但并不做出贡献。被宠坏的孩子的生活模式就是这样的：只要生活中出现了难题，他们就指望别人替他们解决。被宠坏的孩子阻碍人类合作，将不公平的负担强加给那些积极解决生活难题的人们。

人类的第三个限制，即每个人都是两种性别中的一种，要么是男性，要么是女性。人类的繁衍，取决于每个人如何承担自己的性别角色以及如何与异性合作。性别限制和两性关系带来第三个问题，即爱情与婚姻问题，这个问题也无法脱离另外两个问题而单独解决。要想成功解决爱情与婚姻方面的问题，需要在分工合作的前提下做出职业贡献，也需要与其他人形成友好、良性的伙伴关系。根据我们的研究，在当今社会文化中，爱情之于婚姻问题的最佳解决方法，也是最符合社会分工合作的方法，就是一夫一妻制。一个人对这个问题如何解决也能体现出他的合作程度。

这3个问题从未单独存在，它们相互交织、相互影响。解决好一个问题，也会对解决其他两个问题带来帮助。因此，我们可以说，这3个问题实际上是同一个问题的3个不同层面，也就是：人类如何在自己的环境中延续生活、生活得更好。

在此，我们需要重复强调，承担并做好母亲天职的女性在社会分工中的角色与所有其他人同等高尚。当母亲对自己的孩子产生真正的兴趣，为孩子成为人类伙伴打好基础，将孩子的兴趣扩展至他人，训练孩子与他人合作，她们的工作价值就无与伦比。然而，我们当今的社会文化中，母亲这个角色的价值被严重低估，通常被看作没有尊严、没有乐趣。全职妈妈只能得到间接报酬，在家庭中通常处于经济上依赖他人的地位。但是，对家庭幸福和成功来说，母亲和父亲的付出同等重要。不论是全职妈妈还是职场妈妈，她们作为母亲这个角色的地位，并不比父亲低下。母亲是对子女职业兴趣产生影响的第一个人。一个人生命起初四五年中的努力方向和所受的训练,对其成年后生活中的行为有决定性影响。我被邀请做职业心理咨询时,总是会询问对方童年时期的生活和兴趣。这个阶段的记忆能够显示他训练自己的具有一贯性的思维是什么:体现他生活模式的本质和他的统觉体系。稍后我还会详述早期记忆这个话题。

有关职业的下一个阶段的训练由学校进行。我相信,相对于以前,现在很多学校更关注儿童与未来职业有关的教育,增加了儿童眼、手、耳等身体功能的训练。这类教育和传统文化课同等重要。同时,我们也不应忘记,传统文化课对儿童职业教育来讲也有其必要性。我们常常听到很多人说,原来在学校学的拉丁语、法语等科目,成年以后都忘记了,所以学这样的科目没什么用。然而,从长远看来,教授这类科目并非错误。通过学习各种不同的科目,综合看来日后对我们大脑的全面发展十分有利。现在一些前沿性的学校,会着重培养学生的动手能力,这样的教育方式也能够增加学生的生活经验,并提升他们的自信心。

如果孩子在童年时就清楚地知道自己成年后要从事的职业,那么他的发展会简单很多。然而对大多数儿童来说,当被问及将来想做什么，他们虽然会给出自己的答案，但这些答案通常并未经过有意识的深思熟虑。例如他们说以后想做飞行员或者工程师，其实他们并不知道自己做出这个选择的真正原因。而我们的任务，就是辨析孩子们潜在的能力，弄清他们愿意努力的方向和动力、他们的现实状况、他们的优越感目标以及他们想通过什么方式达到目标。他们回答的自己未来想从事的职业，只是他们当下觉得优越的职业。但无论如何，这个答案可以让我们看到帮助孩子达到目标的机会和条件是什么。

儿童到了 12～14 岁，应该对自己未来的职业有了更多思考和了解，如果这个年龄的孩子还不知道自己未来要做什么，我会感到很悲哀。这背后体现出他缺乏雄心，却并不代表他对工作完全没兴趣。他也可能非常有雄心壮志，但也缺乏勇气表达他的雄心壮志是什么。对这样的孩子，我们必须努力找到他的关键兴趣，并加以培养和训练。有些孩子 16 岁高中毕业时还不晓得自己未来想从事的职业。我们发现，这样的孩子也非常有雄心壮志，但他们却不愿合作。他们不愿在社会分工中承担一些任务，所以看不到满足自己雄心的现实方法。

综前所述，早一点询问和启发孩子有关职业的想法十分有益。我经常在学校里对学生们提出这个问题，以激发学生的思考，使其正视其中的问题，而不会隐藏自己的答案和想法。我还经常询问他们，为什么选择某个职业。学生们给我很多发人深省的细节。孩子对职业的理解能够体现他的生活模式。他的回答展现了他努力的方向和他的生活价值观。我们必须尊重和接受孩子选择的他认为最有价值的职业，因为我们不能评判职业的高低贵贱。只要本着贡献的原则认真工作，每个工作的价值都平等无差。儿童在职业方面唯一的任务，是训练自己、不依赖他人，在社会分工的框架内为自己找到合适的一席之地。

有些人不论做什么工作都不满意。他们想要的，其实不是一个职业，而是对他们优越地位的不费吹灰之力的保障方式。他们并不想应对生活的难题，甚至觉得生活不应该给他们难题。这是被宠坏的孩子，总是希望别人替他们解决问题。还有一些人，他们生命中的前四五年，确实对某个职业方向产生了由衷的兴趣，并且朝这个方向训练自己，然而后来可能由于生活压力，或者来自父母的压力，他们不得不放弃原来的兴趣，转向从事他们不喜欢的职业。这说明了早期训练的重要性。如果我们在儿童的早期记忆中看到很多与视觉有关的内容，我们则可以断定他将来更适合从事与眼睛有关的职业。早期记忆，对于职业心理咨询十分重要。如果一个孩子在其早期记忆中提到别人的谈话声、风声、铃铛声等等，我们则知道他可能是听觉型的人，可能适合从事与音乐有关的职业。还有些孩子的早期记忆中含有动作方面的信息，他们可能对与户外活动有关的职业更感兴趣。

儿童最经常出现的努力方向是试图超越其他家庭成员，尤其是自己的父亲或母亲。这样的努力价值非凡，值得欣喜，因为这正是一代更比一代强的体现。而且，如果一个孩子努力在和父亲相同的职业领域中超越父亲，那么父亲的经验恰恰可以给孩子提供良好的职业基础。例如，通常警察的孩子想要成为律师或法官，医护人员的孩子也想成为医生，教师的孩子想成为大学教授。

通过观察儿童，我们经常能看到他们为将来的职业训练自己。例如，有时候我们会看到一个将来想成为老师的孩子，他会把更小的孩子们聚集在一起，假装给他们上课。孩子的游戏能提供他们感兴趣的职业线索。将来想成为母亲的女孩子，会热衷于玩布娃娃，还会训练自己对小宝宝感兴趣。这种想成为母亲的兴趣，应该得到支持和鼓励。孩子玩布娃娃，我们无须为此担心。有些人认为，孩子玩布娃娃或者过家家之类的游戏，会让他们脱离现实。事实上，他们正是在这些游戏中训练自己的自我认知，完成自己选择的母亲这个角色的工作。孩子在童年就开始职业方面的各种练习，这十分有益。因为如果开始得太晚，他们的兴趣就会变窄或固化。例如，很多人童年时就显示出对机械和科技的浓厚兴趣，如果他们的兴趣得以保留并实现，则日后会在成年生活和相关职业中卓有成效。

还有些孩子总不愿处于领袖的位置。他们的主要兴趣是让别人成为领袖，自己跟随处于从属地位。这是心理方面不良的发展倾向，如果他们能减少这样的卑微顺从心理，我会很欣慰。如果不能消除这样的心理，那么这些孩子将来就无法承担需要他们领导的工作，只会选择上级安排好的任务，只能从事别人决定和指派好的工作。他们无须自己动脑思考，只需机械处理例行的事情。

忽然面对疾病和死亡的孩子，往往会对人生经历这些事产生很大的兴趣。他们会想成为医生、护士、药剂师等。我认为他们这样的职业兴趣应该得到鼓励和支持，因为想从事这类职业的孩子往往兴趣产生得较早并开始训练自己，他们通常真心喜欢这些职业。有时候，人生中曾经有过面对死亡经历的人，还会以其他方式取得平衡、补偿，例如塑造出文学或艺术中的永生，或者虔诚地献身于宗教。

与此同时，有些人很早就养成了逃避工作的习惯，例如懒惰、不专心等。当我们看到儿童努力的方向是逃避工作时，我们必须通过科学的方式找到他错误信念的成因，并通过科学的方式加以矫正。如果我们居住在一个不需劳作就丰衣足食的星球上，那么懒惰会被视为美德，而劳动则会是缺点。然而，根据我理解的人类与地球的关系，对职业问题最符合逻辑的答案、唯一符合健康常识的答案，就是我们应该工作、合作和贡献。以往人们通过自己的本能得知这一点，而现在我们可以从科学心理学的角度看清这一点。

天才成长的经历，能够更加明显地体现出早期开始职业训练的作用。而且我相信，通过天才这个角度，我们能对整个职业问题有更加全面的了解。只有对人类共同福祉做出贡献的杰出个人，我们才称之为天才。如果一个人才华出众，可是并未对人类做出贡献，并未在身后给人类留下财富，我无法想象人们还会称之为天才。艺术是人类最高层次合作的结晶，而艺术天才们则提高了整个人类艺术的水准。例如，荷马在他那个时代，在作品中只提到 3 种颜色，用这 3 种颜色的名字描述色彩。毫无疑问，那个时候的人们当然能看到不同色彩的区别，但却没有人做更加细分的颜色命名，因为人们认为各种颜色区别不大，区分没有必要。那么是谁创造并留给我们现在众多不同的颜色名称呢？是艺术家，是画家。同理，作曲家将我们的听觉提高到更高水准。我们现在使用和谐的声音、语调谈话歌唱，而不是原始人简单杂乱的声音，都拜音乐家所赐。是谁增进了我们的感觉与思想的深度？是谁让我们谈吐有章、感受深刻？是诗人们。正是他们丰富了我们的语言，使之缤纷多彩、用途广泛。

相信大家都认可天才是人类中合作程度最高的人。可能在某些方面，如果我们仅看表面行为，就会看不到他们的合作能力。但是当我们总览他们的整个生涯和对后世的影响，我们就能看得清清楚楚。很多时候，天才与他人的合作并不容易。他们的生活艰难，遇到各种阻碍。很多天才从小饱受先天生理器官缺陷的折磨，而我们看到他们勇敢地直面生活中的难题，历尽折磨和困难，最终取得胜利。我们还能看到，他们的兴趣很早就固定下来，童年开始就付出最大努力训练自己。他们磨炼自己的感官和技能，以便能够克服生活经历中的障碍。他们的经历告诉我们，他们的艺术作品、他们的成就，并不是家族遗传或上天赐予，而是他们自己的创造。他们努力，而我们后人蒙享福祉。

童年时期的努力是成年后成功的最佳基础。想象一个三四岁小女孩儿正在独自玩儿一个布娃娃，她想给布娃娃缝制一顶帽子。我们看到她的工作，告诉她这顶帽子很不错，并给她合适的建议，告诉她怎么缝得更好。这个小女孩儿就会因此得到激励，会更加努力，提高技能。然而如果我们说："赶快把针放下！你会伤到自己！你不用给娃娃缝帽子。咱们出去买一顶更好的。"那么这个小女孩儿就会放弃自己的努力。假设这是两个不同的孩子，我们对她们成年后的生活加以比较，会发现第一个女孩儿能够发展出艺术品位，对工作有兴趣；而第二个女孩儿则不知道自己所能，会认为买的东西肯定比自己做的好。

如果家庭生活中过分强调金钱的价值，那么孩子会只从挣钱多少的角度衡量职业问题。这是个严重的错误，因为这会使孩子失去为人类做贡献的兴趣。当然，每个人都需要挣钱谋生，但是也有很多人以此为借口，将金钱当成对所有事物和关系进行衡量的标准。如果一个人只对赚钱感兴趣，他就会偏离合作的正轨，只寻求自我利益。如果挣大钱是他唯一的目标，而且他毫无合作的兴趣，那么对他来说，偷窃抢劫、坑蒙拐骗当然是合理的赚钱手段。即便不是这么极端的情况，一个人唯一的目标是挣大钱，而他还残存一点儿社会兴趣，没有走上犯罪道路，但即使他挣了很多钱，他的行为依然不会对人类伙伴带来共同利益。我们当今社会十分复杂，挣钱的途径多种多样，前面提到的情况相当普遍，甚至不择手段发家致富也被视为成功。我们对此不必惊讶。同时，我们也不能保证，以贡献和合作应对生活难题的人一定会立刻取得金钱方面的成功。但是我们可以保证，这样的人将会一直保持勇气和尊严，不致走上歧途。

有时候，职业被当成逃避社会关系和爱情婚姻关系的借口。我们经常听到人们夸大自己工作的繁忙程度，实则是为了逃避爱情和婚姻问题，有时候甚至成为爱情婚姻失败的借口。只狂热投入工作的男人可能会说："我的工作太忙了，我没有多余时间花在婚姻上，所以我不必为婚姻不幸而负责。"精神疾病患者中尤其经常出现逃避社会关系和爱情婚姻关系的人。他们要么不愿接近异性，要么用错误的方式接近异性。他们也没有朋友，除了自己，对其他人都不感兴趣。但是他们却很忙碌，没日没夜地工作。不论是白天还是夜晚，工作占据了他们的头脑。他们长期处于精神紧张状态，进而产生身体和精神方面的疾病，例如肠胃病或其他疾病。这时，疾病又给了他们新的借口不去应对社会关系和婚姻关系方面的问题。还有另一种情况，有些人不停转换职业。他们总觉得下一个工作更合适自己，最后落得什么职业都没有，一事无成，四处游荡。

对于问题儿童，我们要做的第一步的工作，是找到他们的主要兴趣。通过这一点能够更好地给予他们鼓励。而对于无法找到职业的年轻人，或者就业失败的中年人，也要发现他们真正的兴趣，并通过正确的方式给他们提供就业指导和训练，帮助他们找到工作。这实属不易。我们当今社会的高失业率是一个警示。在人类努力提高合作水平的社会中，这是不良信号。因此我相信，如果我们意识到合作的重要性，就能看到社会中不应该出现失业者，应该为每个有工作愿望的人提供工作机会。我们可以通过加强职业学校、技术学校、成人教育等渠道实现这一点。因为很多失业者都是无一技之长的人。可能他们中有些人从未对社会生活产生过兴趣。不学无术和对人类共同福祉毫无兴趣的人是人类社会的沉重负担。这些人会觉得自己在社会中处于不利位置，因此我们很容易理解罪犯、精神疾病患者和自杀者中大多是受教育水平较低或无一技之长的人。因为缺乏教育和训练，他们屈居人后。家长、教师和所有对人类进步和发展感兴趣的人,都应该致力于让孩子接受更好的教育和训练。这样,将来他们长大成人,需要进入社会分工体系时,就能够为自己找到一席之地。

XI. Man and Fellow Man

第十一章
人与伙伴

人类最原始古老的努力就是形成伙伴关系。正是因为我们对伙伴的兴趣，人类才产生进步。家庭这个社会组织的本质基础，就是每个人对家里其他人的兴趣。当我们追溯人类历史，可以看到，不论在哪个发展时期，人类都有以家庭方式聚集的形式。原始部落通过共同符号团结在一起，这个共同符号的目的就是团聚所有成员以便共同做出贡献。原始宗教最简单的形式就是图腾崇拜。比如，一个部落崇拜的是蜥蜴，另一个部落崇拜的是水牛或蛇。崇拜同一个图腾的人居住在一起，相互合作，部落成员视彼此为一家人。这样的原始习俗是人类形成和巩固合作关系的重大进步。例如，重大节日的时候，崇拜蜥蜴图腾的成员会聚集在一起，讨论耕种收播、防御动物、天气变化等问题。这也正是节日的意义所在。

婚姻则是涉及整个部落的事情。崇拜相同图腾的男性，根据部落的制度，要在部落之外寻找妻子，以保证整个部落的生存和发展壮大。现在我们仍然应该意识到：爱情和婚姻不仅是个人的私事，也是涉及整个人类头脑和精神发展的共同事物。婚姻承担着整个社会的期望和责任，社会期望夫妻双方生育健康的子女，并养育孩子，帮助其发展合作精神。因此,人们应该在婚姻中和睦相处。在原始部落中,人们通过图腾和部落特有的制度来控制婚姻,这些方式现在看来很可笑,但在那个时代它们的重要性不可小觑,而它们背后的目标正是增进人类的合作。

宗教中最重要的教义便是"爱人如己"。这是用另一种形式努力增强人类伙伴之间的合作关系。有意思的是,现在我们能够通过科学心理学的角度证实这个努力的价值。对这句话,被宠坏的孩子会说:"我凭什么要爱别人?为什么别人不先爱我?"而这恰恰反映了他们缺乏合作的训练,只对自己感兴趣。正是那些对人类伙伴没有兴趣的人,在生活中会遇到最大的难题,也会对他人带来最大的危害。正是这样的人,给人类发展带来挫折和失败。很多宗教、告解等都用各自的方式鼓励人们加强合作。对我个人来说,只要它们的最终目标是合作,我都支持,而没有必要反对、批评和贬损。我们并不知道绝对的真理到底是什么,所以通向合作这个最终目标的方式很多。

在政治中我们看到,即使最善的本意也可能会被滥用,即便如此,政治家要想达到自己的政治目标,依然需要促进合作。每位政治家都应该将人类进步作为自己的最高政治目标,而人类进步就意味着更高程度的合作。现实情况是，通常我们很难准确判断哪位政治家或者哪个政党更有能力推进人类合作，因为每个人只能依据自己的主观生活模式做出判断。但是，如果我们看到某个政党内部团结一致、相互合作，那么我们就没有反对的理由。这个道理也适用于全国性的运动，如果运动组织者们的目标是培养儿童成为真正的社会公民、增强社会兴趣，他们理应推广自己的传统、崇敬的目标和方式，甚至按照他们认为最好的方式影响和改变法律法规。我们不应反对他们的努力。校园运动也是一种群体运动，我们不应对其抱有偏见。只要这些运动是为了增强人类伙伴之间的合作能力，我们就不应妄加评判，毕竟增加合作的方式多种多样。可能有些方式好一些，有些方式差一些，然而只要最终目标是增进合作，就没有必要批评任何一种方式。

我们必须反对的是那些只顾自己利益的生活模式。这样的生活模式对个人利益和群体利益来说都是最大的障碍。只有通过对其他人类伙伴产生兴趣，人类能力才得以发展。比如，听、说、读、写能力都是为了架起与他人之间的桥梁。语言本身就是人类共同的产物、社会兴趣的产物。理解能力，也很大程度上不是个人能力，而是与他人沟通的能力。理解，是明白我们共同理解的内容，而不是只有自己明白的内容；是将自己和他人通过相通之处联结起来，关键点是相通之处。

有些人的主要兴趣就是自己和自己的优越感目标。他们赋予生活的意义完全是自我的，生活只对他们自己有意义。然而，他们的意义对世界上其他人来说却毫无意义。在这样的人身上，我们发现他们无法和其他人产生联结。通常，我们会在只对自己感兴趣的孩子脸上看到一种空洞呆滞的神情，这样的神情在罪犯或精神疾病患者脸上也看得到。他们不和他人产生视线联结。他们和普通人凝视的样子完全不同。有时候，这样的孩子或成年人甚至完全不与他人视线接触，他们会移开视线看向别处。类似无法联结的情况，也会体现为明显的精神疾病症状，例如神经性脸红、口吃、阳痿、早泄等。这些症状的背后，都是缺乏对他人的兴趣、无法与他人联结。

孤立的终极表现是精神疯狂。如果能对他人产生兴趣，精神疯狂也可以治愈。精神疯狂会造成一个人与其人类伙伴的距离最疏远，能与之相提并论的只有自杀了。治愈精神疯狂，几乎是一门艺术——一门相当困难的艺术。我们必须赢得病人的合作，并且只有通过无比的耐心、仁慈与和善才做得到。

有一次，我被邀请治疗一位患有精神分裂症的女孩。她被这个疾病折磨长达 8 年之久，最近两年一直在精神病院。她像狗一样吠叫，朝人吐口水，撕破自己的衣服，想要吃自己的手帕。我们能看到，她的行为体现出她对做人、对人类伙伴已经完全没有兴趣。她想做一条狗，而我们能够理解，因为她觉得她的母亲对待她就像对待狗一样。可能她的想法是：我越看到人类的生活，我越想成为一条狗。我连续 8 天和她交谈，她一个字也不回答。我继续和她说话，连续 30 天，她终于开始用含混不清的语言作答。我把她当成朋友，她因此受到了鼓励。

这类病人受到鼓励，内心产生了力量，但通常他们并不知道怎么运用这新生的力量。同时他们对人类伙伴的抵抗依然十分强烈。虽然他们内心有了一些力量，但依然不愿意合作，我们据此可以预料他们接下来的行为：他们会像问题儿童那样制造麻烦，例如摔东西、打人等等。

后来，当我又和这个女孩儿说话时，她开始打我。这时我必须思考我要怎么办。我想到，唯一能让她感到意外的行为就是不去抵抗。你可以想象这个女孩儿的情景——还好她并不是体格魁梧的女孩——我让她打我，而我始终保持友善。她完全没有料到这个情景，她的对抗无处可使。

她依然不知道怎么运用刚刚新生的力量,于是转而打破了我的窗户,她的手也因此受伤。我并没有责怪她,而是帮她包扎好。对待这样暴力行为的传统方式——诸如关禁闭或予以隔离等,都是错误的。如果我们想要赢得这个女孩儿的合作,我们就必须采用不同的方式。期待精神疾病患者做出正常反应是最大的谬误。当精神疾病患者没有做出普通正常反应时,很多人会为此生气烦恼。当精神疾病患者出现不吃不喝、撕扯衣服等反应时,让他们做吧。除此之外,没有更好的帮助他们的方式。

后来,这个女孩儿痊愈了。一年过去了,她健康状况良好。有一天,在去往她曾经住过的精神病院的路上,我遇到了她。她问我:"你要去哪儿?"我回答:"跟我一起来吧,我要去你住了两年的那家精神病院。"我们一起到了精神病院,因为我要去看另一位病人,所以建议她和曾经的另一位主治医生聊聊。我回来以后,那位医生对我发脾气说:"她非常健康,但有一件事让我很不高兴——她不喜欢我!"之后我和这位女孩儿断断续续保持联系10年之久,她一直很健康,自力更生,结交了朋友,后来认识她的人都不相信她曾经发过疯。

还有两种情况,也能清晰地呈现对伙伴不感兴趣造成的病态，这两种情况就是患有妄想症和抑郁症。妄想症病人会责怪所有其他人，认为其他人密谋故意针对自己；而抑郁症病人通常只责怪自己，例如他们可能会说"都是我不好，毁了自己的生活"，或者"都怪我赔光了钱，现在我的孩子要饿死了"。表面上看来，他们是在责备自己，其实他们是在责备他人。

举个例子，一位曾经风头正盛、很有影响力的女士，因为一次意外事故无法继续参加社交活动。几乎与此同时，她的丈夫也去世了。她有3个女儿，都已结婚成家。她倍感孤独，因为曾经很受关注，所以现在竭力想要找回曾经的生活。她去了欧洲旅游，可是发现自己的重要地位大大降低。这时候，她患上了抑郁症。她的朋友们离开了她，因为抑郁症对患者身边的人也是很大的精神考验。她给女儿们发电报，让她们到欧洲来看她。可是她们个个都有借口，没有人来。当她回到美国家中，她最经常说的话反倒是："我的女儿们都对我特别好。"然而事实是，她的女儿们让她一个人生活，只请了一个护士照顾她。她们3个人轮流抽空来看一眼。所以，我们不能只看她这句话的表面意思。她这句话其实是控诉，每个了解实际情况的人都明白这句话其实是控诉。抑郁症其实是对他人长期的愤怒和责备，病人的目的是获得关爱、同情和支持，但他们所表现的却是因自己的错误而沮丧、灰心。典型的抑郁症患者的早期记忆类似于："我记得我想躺在沙发上，但是我哥哥已经躺在那儿了，于是我使劲儿哭，他只好离开。"

抑郁症患者还有通过自杀报复世界的倾向，而医生的第一要务就是避免给他们自杀的借口。在我的治疗中，我消除这种紧张情绪的方法是和病人约定："不喜欢的事情就不做。"这个约定看起来似乎平淡无奇，但我相信它其实触及了抑郁症的病因。如果抑郁症患者可以为所欲为，那他还能责怪谁？他还需要报复什么？我会告诉病人："如果你想去看电影，那就去吧！或者想去度假，那就去吧！如果途中又不想去了，那就不去好了。"对任何人来说，这都是理想境界。它能满足一个人对优越感目标的追求，使其感觉好像自己是上帝，可以为所欲为。然而另一方面，这样的行为其实并不符合他们的生活模式。他们想要控制别人，如果不如意的话就责怪别人，现在没有人反对他们，他们就无法责怪别人。这个规定带来了巨大的解脱，我的病人中从未出现过自杀者。当然，我也明白，最好的方式是有人严格监控有自杀倾向的抑郁症患者，我有几位病人得到的监控并不如我希望的那么严格。不过只要有人看着他们，就不会出危险。

通常，病人听到这个约定会说："可是没有什么我喜欢做的事情。"因为这个回答我听得太多了，所以早有准备："那就不做不喜欢的事情。"但是有的病人会回答："那我要在床上待一整天。"而我很清楚，如果我同意的话，他并不会真的这样做。我也很清楚，如果我不同意，他就会发起挑战。所以我每次都表示同意。

除了上面提到的约定，还有一个更直接的切入方法。我告诉我的病人："如果你同意我说的治疗方法，14天后你就能痊愈。这个治疗方法就是：你每天努力思考，看看可以想出什么办法让别人高兴。"请理解这个方法背后的意义，因为这些病人每天想的是"我要让别人烦忧"。我得到的答案通常十分有意思，有些病人这样说："让别人高兴对我来说易如反掌，我一辈子都是这样做的。"其实他们并非如此。我请他们再仔细考虑，可他们并不愿意再想。于是我告诉他们："你今晚睡不着的时候，正好可以用这段时间思考你可以想出什么办法让别人高兴。这将是你恢复健康的重大进步。"第二天我见到他们会问："你昨晚思考我的建议了吗？"他们经常这样回答："我昨晚一躺下就睡着了。"他们用这样的答案回避我的问题。当然，我始终秉承真诚友善的态度，没有丝毫体现自身优越的架势。

还有些病人这样说："我做不到，我太烦心了。"我告诉他们："那就继续烦心，同时偶尔有空的时候就想想别人。"我希望他们能够将自己的兴趣引向伙伴关系。还有很多病人说："凭什么我要让别人高兴？别人从来没想着让我高兴。"我回答："你要为自己的健康着想，其他的事情都没有你的健康重要。"根据我的经验，几乎从未有一个病人的回答是："你的建议正是我已经思考过的。"我所有的努力，都是为了帮助病人增加社会兴趣。我知道，他们的病根在于缺乏合作，我希望他们也明白这一点。只要他们能够和其他人类伙伴建立平等的联结，努力的目标朝向合作，他们就很可能痊愈。

另外一种缺乏社会兴趣的行为是所谓的"过失犯罪"（criminal negligence）。比如不小心掉下点着的火柴引起森林火灾。最近有个案例，一位工人收工回家前，将一条电缆忘记了，横在了马路中间，一位骑摩托车的人被绊倒，骑车人因此丧命。这两个例子中，涉事的人都没有故意害人的企图。对于所造成的不幸，他们似乎不必承担道德责任。然而这其实是他们缺乏为他人着想这方面训练的结果

——他们没有为他人的安全采取预防措施的自发意识和习惯。这是缺乏合作精神更隐蔽的表现形式，衣着不整的小孩、踩到别人脚的冒失鬼、摔盘子打碗撞倒东西的莽撞者等等都是如此。

对人类伙伴产生兴趣的培养和训练从家庭和学校开始，前面我们已经谈及会妨碍孩子发展兴趣的因素。社会兴趣本身并非遗传本能，但是社会兴趣的潜能却可以传承。这个潜能可以经由母亲养育孩子的技能、母亲对孩子的兴趣以及孩子对周围环境的判断能力的发展获得。如果一个孩子认为别人对自己满怀敌意，周围都是对手，自己无路可退，那我们不能期望这个孩子能够结交朋友并与人与己为善。如果一个孩子认为别人是自己的奴婢，不想为他人做出贡献，而是想驾驭、控制他人；如果他只对自己的利益感兴趣，只在乎自己是否好受、是否顺利，那么他会自绝于社会。

前面我们已经阐述了为什么最好的养育方式是让孩子感到自己是家庭中平等的一分子，要对其他家庭成员产生兴趣。我们也阐述了父母彼此应该是亲密好友，并且与家庭之外的世界也发展亲密友善的关系。这样能够让孩子感到，家庭之外也存在值得信赖的人际关系。我们也阐述了为什么学校也应该让学生感到自己是班级中平等的一分子，应该与其他同学成为朋友，建立可以信赖的友谊。家庭生活和学校生活都是为了将来更长远的生活做准备。家庭和学校都要致力于将孩子培养为社会公民、整个人类平等的一分子。只有这样，孩子们才能储备勇气，健康从容地应对生活难题，找到增进他人福祉的方法。

如果一个人能够成为人类伙伴的朋友，通过有用的工作和幸福的婚姻做出贡献，那么他就不会感到自己比别人差，或被别人击败。他会感到自己在这个世界上自在从容，能够遇到喜欢的人，解决困难得心应手。他会觉得：这是我的世界，我必须行动起来、积极生活，而不是观望等待。他会十分笃定，坚信他现在所处的时间仅仅是人类历史的一个片段，但是同时，他也会感到，正是他现在所处的时间，他可以充分发挥自己的创造力，为人类发展做出自己的贡献。这个世界的确不完美，存在着邪恶、艰辛、歧视、灾难。但这正是我们的世界，它的利弊都是我们的利弊。这正是我们为之奋斗、努力改善的世界，如果每个人都以正确的方式承担起自己对生活的责任，那么我们就是在努力改善这个世界。

承担自己对生活的责任，意味着承担通过合作解决三个问题的责任。我们对一个人最大的要求以及能够给予他的最高荣誉,即他应该是一个社会的好公民、人类的好朋友、爱情和婚姻中的好伴侣。简而言之,他要证明自己是一个人类的好伙伴。

XII. Love and Marriage

第十二章
爱情与婚姻

德国的一个村庄有个古老的风俗，以检验订婚的男女双方是否适合婚姻生活。举行婚礼之前，新娘和新郎会被带到一处空地，那里事先放着一根锯倒的树干。两人会拿到一把两端有把手的锯子，任务是将这根树干锯开。由这个测试能够看出两人的合作程度如何。这是一个需要双方配合完成的任务。如果两人之间没有信任，他们就会出现相互制约，无法完成任务。如果其中一方想要领导、控制整个任务，即使另一方不介意对方居功，愿意完全退出，那一个人花的时间也会是两倍之长。要想顺利完成任务，两个人都要积极主动，并且相互配合。这个德国村庄的人已经意识到，合作是婚姻的首要条件。

如果问我爱情与婚姻是什么，我会给出下面的定义，虽然可能并非尽善尽美："爱情，及其最终成果——婚姻，是对一位异性最亲密的奉献，表现为生理吸引、伙伴关系和生儿育女的决定。显而易见的是，爱情和婚姻是一种合作——不仅是只为两个人幸福的合作，更是为了人类共同福祉的合作。"

爱情和婚姻是为了人类共同福祉的合作，这一点为解决爱情和婚姻问题带来了曙光。即便生理吸引，也是人类共同繁衍最必要的方式，人类为之付出极大努力。正如我前面再三强调的,人类生存在地球贫瘠的表面,自身条件脆弱不堪。保障人类不至灭绝的主要方式即为繁衍后代,所以我们需要生理吸引,并为此持续努力。

在当代社会,我们发现关于婚姻的问题纷繁复杂。不仅已婚夫妻面临这些问题,夫妻双方的家庭也面对这些问题,甚至涉及整个社会。因此,如果我们要找到正确的解决问题的方法,我们必须不带任何偏见和预设。我们必须忘记以前的所学和想法,重新尽全力探索,不被成见干扰,进行全面而自由的讨论。

我这样说,并不意味着将爱情和婚姻当作完全孤立的问题。人类根本无法完全孤立、绝对自由:我们无法仅凭一己之力找到生活难题的解决方法。每个人都受到 3 种限制,也就是每个人都生活在约束之中,因此我们的决定也需要建立在这些约束之上。这 3 种限制所基于的事实,是我们生活在宇宙中的这个星球——地球之上,这就是我们的现实条件,我们的能力范围也基于此;还有,我们每个人都与其他人共同生存,我们必须学会彼此适应;最后,是我们人类有两种性别,而人类种族的繁衍和人类的未来依赖于两性关系。

因此,我们很容易理解,如果一个人对其他伙伴和人类共同福祉感兴趣,那么他的行为也会以此为导向,当他面对爱情与婚姻的问题,也会考虑其他人的利益和福祉。他对自己的想法可能并没有主动意识,如果你问他,他可能给不出上面这样从科学角度的回答。然而,他却能天然自发地寻找对人类共同福祉有益的解决方法,而这样的兴趣会在他的一言一行中体现出来。

还有一些人几乎不考虑他人的利益。他们考虑的不是"我可以为其他人做出什么贡献"或"我怎么作为一分子融入社会整体",他们更愿意想的是:"我能得到什么?给我的好处是什么?别人替我考虑得够不够?"如果一个人生活模式背后是这样的态度,那么他也会用同样的态度解决爱情和婚姻问题。他想的只会是:"我能从婚姻里得到什么?"

爱,不像某些心理学家所相信的,只是自然生理现象。性,确实是一种自然驱动力或本能,但是爱情和婚姻,却不是"如何满足这种本能"这么简单的问题。不论从哪个角度看,我们都会发现我们的驱动力和本能已经逐渐发展进化得更加文明和全面。我们有能力压制某些本能和欲望,我们已经学会尊重他人,学会穿戴有礼、保持卫生等,这都是为了全人类的利益。即便连饥饿这样的本能,我们也不是简单地加以满足而已，我们已经发展进化出品尝、用餐礼仪等。我们的本能逐渐发展为适应我们的文明、我们的文化，这些都反映了我们为人类共同福祉和共同生活付出的努力。

当我们将这一点应用在爱情与婚姻问题上，我们会再一次看到，要想解决这些问题，我们就必须对人类整体产生兴趣，对他人产生兴趣。这是最首要的兴趣。当我们讨论爱情与婚姻各方面的问题例如解除婚约、改变、新规定、新制度等时，如果不考虑这个最大的前提，即解决爱情和婚姻问题的唯一出路是考虑人类整体、考虑人类共同的福祉，那么任何讨论都会无济于事。也许解决方法是改善婚姻，也许解决方法需要更全面，不论更好的解决方法是什么，它们之所以更好，恰恰就是因为这些方法更多的是建立在人类的3个限制之上：我们以两种性别生活在地球表面，必须相互合作。只有基于这3个限制条件的答案，才是百试不爽的解决方法。

当我们从这个角度应对爱情和婚姻问题，我们首先发现：爱的问题，其实是两个个体共同面对的。对很多人来说，这注定是个新任务。我们多多少少学习过独立工作，也多多少少学习过群体工作，但大部分人少有两两合作的经验。因此，这个新情况给我们带来了难题。然而，如果夫妻双方都对人类伙伴感兴趣，那么他们能轻松迅速地学会对彼此感兴趣。

我们甚至可以说，要想达成两人之间的合作，最圆满的解决方法就是伴侣必须关心对方胜过关心自己。这是爱情和婚姻成功的唯一基础。我们能看到，很多人对爱情和婚姻的观点和解决方法都有其错误之处。

如果伴侣对对方的兴趣胜过对自己的兴趣，一定会产生平等；如果为对方伴侣付出亲密的热爱和奉献，就不会觉得自己低人一等或因受压抑而委屈。只有伴侣双方都秉承这个态度，平等才有可能。伴侣双方应该努力让对方的生活轻松丰富。通过这样的关系，伴侣双方都会觉得安全、有价值、被需要。这就是婚姻的本质保障、婚姻幸福的根本意义。你会感到，你有价值，你无可取代，你的伴侣需要你；你品行良好，你是一位好伙伴、好朋友。

在平等合作的工作关系中，不可能存在某个人处于低下从属位置的情况。婚姻也一样，如果其中一方想要统治对方、强迫对方顺从，那么两人的幸福就会无从谈起。而在我们当今的社会文化中，很多男性相信男人理应处于统治、支配、领导位置，成为主人，而很多女性则被说服相信这一点。这就是我们的社会中存在很多不幸婚姻的原因。没有人会屈居人下却不心生不满和怀恨在心。伙伴关系必须平等,当人际关系平等时,人们总能找到解决两人合作难题的有效方法。比如,他们会就生育问题达成一致。他们会知道,不生育的决定是他们给人类未来带来了损失。他们也会在教育问题上达成一致。当婚姻出现问题时,他们会尽力有效解决,因为他们都明白,不幸的婚姻也会给孩子带来不幸,对孩子的身心健康成长不利。

我们当今的社会中,人们通常并没有为合作做好准备。我们的养育和教育太过注重个人成就,太过注重从生活中索取而不是付出。显而易见,当两个人通过婚姻形式亲密地生活在一起,如果二人无法合作、无法对对方产生兴趣,将带来灾难性的后果。对大部分人来说,婚姻是他们第一次亲身经历这种亲密关系,他们不习惯主动考虑他人的兴趣、喜好、想法、愿望、期冀和理想。他们不习惯从共同任务的角度解决问题。因此,对于社会中的很多错误现象,我们不必感到惊讶,而应当仔细辨析,从中学习如何在将来避免类似错误。

成年人生活中的很多危机都不是无来由的:我们一直在用自己的生活模式应对难题,所以婚姻出现问题也不是突如其来、毫无根源的。通过童年的言行举止、个性特征、思考行动，我们就能看到一个人将来成年后的生活。一个人对待爱情和婚姻的主体态度，早在其五六岁时就已经奠定了基础。

我们能看到，孩子在早期如何发展出爱情观和婚姻观。这句话并不是说儿童表现出和成年人角度一样的性兴趣，而是说儿童会形成自己有关社会环境的概念，而他自己是这个社会环境的一部分。爱情和婚姻是他们所处环境中存在的事实；当他们想象未来时，爱情和婚姻自然也是其中一部分。儿童对爱情和婚姻有自己的理解，有他们自己的想法。

当儿童表现出对异性的兴趣、选择自己喜欢的对象，我们不应该认为这是错误行为，是胡闹或性早熟，也不应该愚弄和嘲笑孩子。我们应该将其视作孩子在为爱情和婚姻做准备。我们不仅不应该蔑视孩子的相关举动，反而更应该站在孩子的角度，将爱情和婚姻看作重大而神圣的事情，他们应该做好准备，为全人类做好准备。这是我们应该在孩子头脑中埋下的种子，在将来的成年生活中，他们就能遇到一位也做好准备的异性，二人进而成为朋友，并忠诚奉献自己。发人深省的是，尽管并不是每对父母的婚姻都美满幸福，但孩子们却依旧是一夫一妻制最自然和最忠诚的拥护者。

我从来都不赞成父母对孩子过早解释性问题，或者孩子没有问就对他讲解性知识。我们能够理解，孩子形成其婚姻观的重要性无与伦比。如果孩子在这方面的教养出现错误，他们会认为婚姻很危险，或者自己无法解决相关问题。根据我的经验，在4到6岁期间便已经了解成年人性关系以及有早熟经验的孩子，会对其未来成年后的爱情生活更加恐惧。他们会认为生理吸引很危险。如果孩子到了更大年龄才接受性知识，或者拥有性经历，他们不会太恐惧，因为他们理解和发展正确健康两性关系的机会更多。帮助孩子发展正确性观念的关键，是不对孩子撒谎，不回避孩子的问题，理解问题背后孩子到底在问什么，只提供适合孩子年龄和孩子能理解的答案。不请自来、横加干涉的信息可能会对孩子造成严重伤害。生活中的这个问题，和其他问题一样，最好的方式是让孩子独立思考和学习，通过自己的努力找到问题的答案。如果孩子和父母之间建立了良好的信任关系，就不会给他们带来危害。他们会放心大胆地询问。

有个普遍的错误说法，那就是孩子会被其他坏同伴引入歧途。而我还从未见过哪个头脑健康的孩子会因为这个原因走上歧途。事实上，孩子们并不会全盘接受同学、伙伴说的每句话：大部分情况下，孩子们会带着批评的眼光看待这些信息。如果他们不确定其真实性，他们会询问自己的父母或兄弟姐妹。我必须承认，在接受性信息方面，我发现孩子比自己家里的长辈更加小心谨慎、考虑周全。

即使成年期才出现的生理吸引，其实也是在童年期就得到了训练。童年时孩子得到的关于异性意气相投和相互吸引的印象，以及原生家庭中异性家庭成员给孩子留下的印象，都是生理吸引的开始。童年时，母亲、姐妹、周围其他女孩儿等都会给男孩儿留下生理印象。一个男孩儿成年后，给他带来生理吸引的异性类型，会受到童年那些女性印象的影响。有的时候，人们还会受到艺术的影响：每个人都会被自己定义的美所吸引。从这个角度来讲，成年人并没有广义的"自由选择"，因为所谓的选择，其实和童年印象以及自己喜欢的美保持一致。人们这种对美的探索，并不是毫无意义的。人类的审美情绪总是建立在健康和人们进步的感觉之上。我们所有的身体功能、生理能力都朝着这个方向发展，这是无可避免的。我们知道，真正的美丽都有永恒的价值，是为了人类的利益、人类更美好的未来，代表我们希望自己后代的发展方向。这是永久吸引我们的美。

有时候，如果儿子和母亲的关系紧张，或者女儿和父亲的关系紧张（如果夫妻婚姻关系不好，这样的情况时常出现），孩子会寻找和父母相反的异性类型。例如，母亲对儿子专横粗暴，而儿子软弱但叛逆，那么儿子成年后会容易认为性格柔和的女性才具有性吸引力，进而产生错误的婚姻观：他会只找他能统治的女性做妻子——然而没有平等，就没有幸福婚姻可言。有的时候，如果儿子想证明自己孔武强大，他可能也会找强大的女性为伴侣，然而这并不是出于他与对方的平等，而是因为要么他喜欢的只是强大，要么他认为对方是对自己的挑战，要通过战胜挑战证明自己的强大。如果儿子和母亲的关系极度恶劣，那么他对爱情和婚姻的准备就会严重滞后，甚至对他成年生活的性吸引方面造成阻碍。这样的困难程度不同，最严重的情况是他完全与异性隔绝，出现性偏好障碍。

如果我们父母的婚姻和谐幸福，我们自然会对爱情和婚姻准备得更好。孩子对婚姻的印象和理解来自父母的婚姻生活，因此，大多数生活的失败者来自破裂的婚姻和不幸的家庭，这一点很容易理解。如果父母双方不能合作，那么他们就无法教给孩子合作的态度和方法。通过观察一个人对待父母、兄弟姐妹的态度，我们能看得出这个人在爱情和婚姻方面是否得到了健康的家庭培养和引导。一个很重要的事实依据是看一个人所处的获得关于爱情和婚姻的培养和引导的环境。但是对此我们需要特别留意：我们知道一个人的个性特征不是由环境本身决定，而是由他对环境赋予的意义决定。他赋予的意义才是有用的信息。很有可能，他来自一个不幸的家庭，然而他对所处家庭环境赋予的意义却促使他决定让自己拥有幸福的家庭，他可能为此积极努力。我们永远不能仅仅因为某个人来自不幸的家庭就贬低或排斥他。

　　一个人对爱情和婚姻最糟糕的准备，是只顾及自己的利益。如果他一生受到的都是这样的训练，他便会只思考能从生活中得到什么令他感到兴奋的事物或只是找找乐子，他便会总想得到自由和解脱，从不考虑自己可以为伴侣拥有轻松充实的生活做些什么。这种对爱情和婚姻问题十分糟糕的态度对解决问题，完全是南辕北辙。我并不是说这是罪恶，而是说这是错误的方式。所以，我们为爱情和婚姻进行心理准备时，不能只贪图安逸享受或逃避责任。如果伴侣关系中出现犹豫或怀疑，两个人的关系就不会牢靠稳固。爱情和婚姻中的合作关系需要永恒的决心。那些基于永恒不变的决心的爱情和婚姻，才是真爱的典范。并且，这个决定中还包含生儿育女，并尽两人全力将他们抚育长大，使他们成为真正平等、负责的人类伙伴。美满的婚姻是养育下一代的最好方式，婚姻观中应该永远包含这一点。婚姻其实是一项任务，有其自身的价值和规则。我们不能只保留婚姻整体中的一部分，只保留自己喜欢的，而不承担其整体任务，那样的话会损伤人类在地球上的永恒规则——合作。

如果我们假设恋爱或婚姻只持续 5 年左右，或者给婚姻一段"试婚期"，则两人之间不可能发展出真正亲密、甘于彼此奉献的关系。如果男人或女人头脑里预设这样的退路，他们则不会全力以赴地投入爱情和婚姻。生活中所有重要的事情，我们都不能先为自己安排脱身之计。我们不能一边投入爱情，一边为这份投入安排好限度。那些为婚姻计划好"自由之路"的人，即使他们本意是好的，进行这样的规划也依然是错误之举。他们计划的"自由之路"会损害和限制夫妻双方为婚姻所付出的努力，反而让两人更容易分道扬镳，不去履行两人在婚姻中应尽的责任，不去做贡献。我知道，即便我们想要正确、勇敢地解决爱情和婚姻问题，在当今社会条件下也确实困难重重。但是，我们却不能因此牺牲真正的爱情和婚姻，而是要努力解决社会生活中的障碍。我们都知道美满的伴侣关系需要哪些特质——忠诚、诚实、可靠、不有所保留、不自私自利……我们可以理解，假如不忠诚是一个人的常态，那说明他不适合结婚。假如夫妻双方都决定保留自己的自由，那说明两人无法拥有真诚的伴侣关系。这样的关系不是（真正的）伴侣关系。（真正的）伴侣关系里，不存在无拘无束的自由，我们必须用合作约束自己。

请允许我举一个例子，来说明不是为了婚姻成功和人类共同福祉的自我协议，将如何给男女双方都带来伤害。

我记得一个案例，婚姻双方是两位离过婚的男女，他们都是功成名就、聪明老练的人，都希望第二次婚姻比第一次幸福长久。但是，他们并不真正理解自己第一次婚姻失败的真正原因：他们都缺乏社会兴趣。他们自认为是"自由思想者"，希望婚姻应该轻松容易，这样就不会彼此厌倦。所以，他们都同意两个人结了婚也依旧可以无拘无束，想做什么就做什么，但是两人要彼此信任，坦诚相待，毫不隐瞒。在这一点上，丈夫似乎更放得开。每次他从外面回到家，都带回很多风流韵事，全盘告诉妻子；而妻子似乎也很乐意听,以丈夫的所谓成功为荣。她自己也一直愿意和其他男士打情骂俏、情感暧昧,然而就在她即将采取行动(即与对方进行实质性的接触)的时候,她患上了"旷场恐惧症"。她无法独自出门,这个神经性疾病把她困在了家里,即使一只脚踏出家门,她也会恐惧得退缩回来。这个旷场恐惧症,其实是她对之前所做决定的反悔和自我保护。而且,还不仅仅如此,最后,因为她不能出门,所以她的丈夫也必须留在家里陪她。

你看,婚姻的正常逻辑,就是这样轻松地击败了他们的所谓协议。丈夫要留下来陪伴妻子,就这样他不能再做"自由思想者";而妻子因为无法独自出门,结果所谓的自由也毫无用处。这位女士治愈之后,她必须重新看待婚姻,对婚姻产生新的理解;丈夫也是如此,必须将婚姻视为合作。

其他的错误在婚姻开始之前已经形成了。在自己家中被宠坏的孩子,结婚后常常觉得不被重视。这是因为他没有让自己适应社会生活。被宠坏的孩子很可能成为婚姻中的暴君,而他的伴侣则会觉得自己是牺牲品,身陷囹圄,因而开始反抗。如果夫妻双方都是被宠坏的孩子,他们的婚姻会很有意思。两人都希望被对方关注,双方都不会感到满意。他们接下来就会寻找脱身之法：可能其中一方会跟别人调情，寻求关注。有些人做不到只和一个人恋爱，必须同时脚踩两只船，这样他们才觉得自由，这样他们就可以摇摆不定，永远不用承担爱情连带的责任。然而，两个都要其实等于两个都得不到。

还有些人幻想一种浪漫的、理想的、完美的以至无法企及的爱情。他们会沉醉在自己的感觉和幻想里，但并不在现实中结交爱情伙伴。这样对爱情的过高理想会使其将所有人拒之门外，因为没有人能够达到要求。很多人，尤其女人，由于成长过程中的错误，不喜欢甚至拒绝自己的性别角色。结果这给他们正常的生理功能带来障碍，如果不接受治疗，则无法发挥幸福婚姻中应有的生理功能。这即是我所说的"男性倾慕"，它主要由当今社会中男性地位过高造成。如果一个孩子在其成长过程中，对自己的性别角色没有自信，则很容易引起心理不安。只要男性还在社会中扮演主导、统治的角色，不论是男孩儿还是女孩儿，都会很自然地认为男性角色值得被羡慕。他们也会怀疑自己是否有能力承担自己的性别角色，会过分强调"男子气"的重要性，心理压力过大，并会设法避免承担男性角色。这个对自己的性别角色不满的现象，在当今社会文化中相当普遍。几乎在所有女性性冷淡和男性精神性阳痿的病例中都能看到这样的心理问题。这些病例，体现出对爱情和婚姻的拒绝，体现出对自己正常性别角色的拒绝。除非我们真正认可男女平等，否则这样的失败难以避免。只要人类的一半对其性别角色及其带来的社会地位仍有不满，人类的婚姻成功之路依然存在障碍。移除这个障碍的解决方法是进行有关平等的教育和训练，我们永远不应该让孩子对他们自己未来的性别角色在思想上产生怀疑。

我相信，避免发生婚前性关系是对爱情和婚姻亲密关系的最佳保障。我发现，大部分男性其实并不喜欢自己的恋人婚前献身于己。他们会认为这是水性杨花，并暗自吃惊。进一步说，我们当今的社会文化中，如果婚前发生亲密关系的话，女性承担的各种压力总是更大。而且，假如两个人结婚是因为由此产生的恐惧，而不是勇气，这即是重大的错误。我们已经理解，勇气是合作必不可少的一面，如果男女双方或一方是因为恐惧而结婚，这其实就是他们不愿合作的迹象。当人们选择和比自己社会地位更低或教育程度更差的人结婚时，也是同样的道理。他们对爱情和婚姻心存恐惧，想要营造一种伴侣仰望自己的婚姻氛围。

培养和训练社会兴趣的方法之一是建立友谊。从友谊中，我们学会站在别人的角度观察、倾听和感受。如果一个孩子得不到他人的理解，如果一个孩子总是被人监督和保护，如果一个孩子孤单地长大，如果一个孩子没有朋友、伙伴，那么他便无法发展出为他人设身处地思考的能力。他会认为自己是世界上最重要的人，只考虑保护自己的利益。友谊方面的培养和训练是为婚姻做准备。通过游戏进行合作训练是非常有帮助的方式。然而我们发现，大部分游戏不是为了合作，而是为了在竞争中超越他人。建立两个孩子共同工作、相互学习、彼此帮助的环境十分重要。我还相信，我们不能低估跳舞的价值。跳舞是一项需要两个人合作完成共同目标的活动，我认为对孩子进行跳舞方面的训练相当有益。我这里所说的跳舞，并不是当今以表演、作秀为目的的舞蹈，我说的是共同完成任务形式的舞蹈。不论怎样，那些简单、易学的儿童舞蹈都对孩子的发展很有裨益。

另外一个能够从中看出人们是否为婚姻做好准备的事物是职业。当今社会中，职业问题的解决置于婚姻问题的解决之前。夫妻中的一方，或者双方，需要有正当的工作，以便养家糊口，支持家庭的发展。因而我们能够理解，正确地解决婚姻问题，要以正确解决方或两方的职业问题为前提。

当我们观察一个人是如何接近异性时,能够看到他的勇气和合作程度。每个人都有自己接近异性和表达爱意的方式、习惯和秉性,这些总是与他的生活模式保持一致。从这些恋爱心理和行为中我们可以看出一个人对未来是抱以正面积极、自信合作的态度,还是只对自己有兴趣,将未来看作自己的舞台,畏畏缩缩,只想着"我要做出怎样的表演""他们对我怎么想"。一个人接近异性时可能缓慢、谨慎,也可能迅速、鲁莽。不论哪种情况,他的恋爱方式都符合他的生活模式和目标,是自身整体的一个方面,但不是全部。我们不能完全只根据一个人恋爱时的表现来判断他对婚姻的准备,因为恋爱时他前面有一个目标,只是一个方面,很可能他在生活其他方面优柔寡断。但即便如此,我们也能从中看出他的个性特质。

在我们当今的文化环境中(也只有在这样的文化环境中),通常人们期待男性首先迈出第一步,主动表达爱意。这是我们当今普遍存在的环境,因此很有必要培养和训练男孩子的男子气——主动、不退缩、不逃避。然而,只有男孩子将自己视为社会整体的一部分,接受它的各种利弊,才能培养和训练出真正的男子气。当然,女性也会求爱,也会采取主动，但是我们当今的社会文化中，她们相信自己应该保守、内敛，她们求爱的方式表现在体态行为、穿着打扮、顾盼言谈、身姿神情方面。所以，我们可以说，男性求爱的方式相对简单、浅显，而女性求爱的方式则相对隐晦、复杂。

现在我们可以继续讨论婚姻中的下一个话题。性吸引对伴侣双方都很有必要，但它必须由二人本着对人类福祉有利的方向不断进行调整。如果伴侣双方真的对彼此感兴趣，就不会出现性吸引消失殆尽的情况。性吸引消失，暗示着缺乏兴趣，意味着其中一方不再将对方视作平等的伙伴，不再对其友善，不再想与其合作，不再愿意充实伴侣的生活。人们有时候认为，兴趣可以继续存在，但吸引会消失。这绝不是实情。有时候嘴巴会说谎，头脑会不清楚，但是身体却会显示实情。如果身体功能不再发挥，则证明两人之间没有真正的合作关系，他们对彼此丧失了兴趣——至少其中一方不再愿意共同解决爱情和婚姻方面的问题，而想要逃脱、躲避。

人类的性驱力与很多动物的性驱力有一点不同，那就是人类的性驱力连续不断。人类的福祉和繁衍正是通过这一点得以保障。人类这个物种得以保持、增加，人类种族得以存续和发展，也正是因为人类数量巨大。其他动物种类也有其保障自身生存和发展的方式，例如，有些动物种类中，雌性会一次性产下大量的卵，有些卵没有成熟，有些卵被损坏或丢失，但是总会有一部分卵得以孵化成熟。而对人类来说，生存和发展则通过生儿育女来得以实现。因此，我们会发现，那些天然对人类共同福祉有兴趣的夫妻，也是对生儿育女信念坚定的夫妻；而那些对人类伙伴没有兴趣的人，有意识地或无意识地，会拒绝担负生养的责任。如果后者总是要求获得，从不付出，他们就会不喜欢孩子。他们只对自己有兴趣，认为孩子是烦恼、麻烦、累赘的来源，会妨碍他们对自己的兴趣。因此，我们可以说，要想解决爱情和婚姻的问题，决定生儿育女是必要条件之一。健康美满的婚姻是为人类社会养育未来公民的最好方式。人们在所有的婚姻中都应该看到这一点。

在我们实际的社会生活中，一夫一妻制是爱情与婚姻方面问题的解决之道。任何追求亲密奉献关系、对伴侣产生兴趣的人，都不会破坏这个最重要的根本，不会在这个制度中寻找脱身之路。我们知道，爱情和婚姻关系有可能破裂。不幸的是，我们永远无法避免这种破裂的出现；但是如果我们将爱情和婚姻关系视为两人共同面对的社会问题、我们理应解决的问题,就能更容易避免关系破裂。在这样的态度之下,我们就会尽己所能解决问题。之所以爱情和婚姻关系会破裂,通常是因为伴侣们没有付出全力:他们不是想要创造健康美满的婚姻,而是只索取和等待获得。当爱情和婚姻出现问题时,他们用这样的态度面对,自然会在问题前败下阵来。

将爱情和婚姻视为天堂是错误的;将爱情和婚姻中出现问题视为二人关系的终结,也是错误的。两个人结婚后,二人关系中的各个方面才真正开始显现;婚姻旅途中,恰恰需要两人共同面对生活的真正任务,需要两人共同把握机会为社会创造利益。

而我们的文化中有另一种观点,认为婚姻是爱情的坟墓,是爱情的终点,而且这个观点十分盛行,被普遍接受。例如,成百上千的小说中都有这样的描述,故事的结尾就是男女主人公最终结婚,开始了新生活。这样会误导人们以为结婚本身是使所有问题圆满解决的方法:好像任务已经圆满完成。然而爱情本身不能解决任何问题。爱情各种各样,最好依靠工作、兴趣和合作来解决婚姻问题。

爱情和婚姻关系并没有神奇独特之处。一个人对待婚姻的态度,其实是他整个生活模式的体现之一:如果我们了解一个人的整体，就能了解他的婚姻观。一个人的婚姻观与他的生活目标和努力方向一致。基于这一点，我们就能理解为什么很多人想在婚姻中寻找所谓的解放和逃脱。我能准确地说出哪些人具有这样的态度：那些被宠坏的孩子。我们社会中相当危险的一类人在他们四五岁的时候就形成了整体生活模式，形成了他们的既定思维模式："我能得到我想要的吗？"当他们不能得到想要的，不能为所欲为，他们就会认为生活毫无意义，他们会问："如果我得不到我想要的，活着还有什么意思？"他们于是就会变得越来越消极，产生无意识的求死愿望。他们会因此变得病态和神经质，并且根据自己错误的生活模式得出错误的生活哲学逻辑。他们相信自己的信念不但没有错误，而且独一无二、极为重要：他们觉得压抑自己的欲望和感受是这个世界的灾难。他们就是这样从小被培养大的，他们成长中曾经有过事事满足的时期。可能，他们中的有些人，即使成年以后，还相信只要自己哭得够响够久，只要抗议得更多，只要拒绝合作，他们就可以达成心愿。他们在意的不是周围其他人，而只是自己能否得到好处。结果就是他们不愿贡献，总想走捷径，希望自己永远受欢迎。因此，他们对待婚姻也是如此，希望可以浅尝辄止、去留自由、容易脱身，他们想要的是同居、试婚、轻松分手，结婚前就要求自由和不忠的权利。然而，如果一个人对另一个人拥有真诚的兴趣，他就会拥有与这份兴趣匹配的个性特质，会让自己忠诚可靠。我相信，不能在爱情和婚姻中保持忠诚可靠的人，应该意识到他的错误。

另外，夫妻双方关心孩子的幸福也十分必要。如果婚姻关系不是建立在我之前所述的基础之上，那么两人会在生养孩子的问题上出现重大分歧和困难。如果夫妻经常吵架，轻视婚姻，将其视为儿戏；如果他们不相信婚姻中的问题能够得到解决，不相信通过努力能够保证婚姻的持久，那么这对发展孩子的社会性十分不利。

也许有的夫妻真的应该分开，也许有的夫妻真的应该离婚，然而，应该由谁来做决定呢？那些连自己都没接受婚姻之道正确训练的人，那些连自己都不明白婚姻是社会任务的人，那些只对自己感兴趣的人，我们要让他们来做决定吗？如果由他们自己做决定，那么他们对待离婚的态度会和对待结婚一样："我能从离婚里得到什么？"因此很显然，他们不是应该做决定的正确人选。我们经常看到不断再婚又不断离婚的人，一遍遍重蹈覆辙。

那么，应该由谁决定呢？也许人们会觉得，如果婚姻出现差错，应该由心理治疗师决定婚姻是否应该存续。但是这里存在一个问题——我不清楚美国的情况是否相同——在欧洲，我发现大部分心理治疗师认为个人利益是婚姻关系的重点。因此，有个普遍的现象是：心理治疗师会建议来咨询的人在婚姻之外给自己找个情人，认为这样能解决婚姻问题。而我相信，假以时日，这些心理治疗师会改变想法，不再提出这样的建议。正是因为他们没有看到婚姻问题背后的整体性，以及婚姻和我们在地球人生活中其他方面的紧密联系，才会提出这样头疼医头、脚疼医脚的建议。而我特别强调需要加以关注的，正是这个整体性。

当人们将婚姻看作人生问题的解决方法时，也会出现类似的错误建议。再次说明，我不清楚美国的情况，但是我了解，在欧洲，如果一个年轻人出现神经性疾病，很多心理治疗师会建议他投入恋爱或两性关系中；他们也会给成年男女类似建议。这样的建议，其实是把两性关系或婚姻等同于灵丹妙药，希望药到病除，而实际上这些人会遭遇更大的挫折和失败。

关于解决爱情与婚姻问题的正确方法，要从人格特质最全面的角度考虑，将解决这方面问题视为人格特质最高层面的体现。因为没有其他问题比爱情与婚姻方面的问题更涉及幸福快乐和日常生活。我们不能认为这样的问题不足挂齿。我们也不能认为婚姻可以消除犯罪行为，解决酗酒问题，减少神经性疾病等。如果一个人患了神经性疾病，他应该在疾病得到正确治愈后再考虑爱情和婚姻。如果他没有得到治疗，没有通过正确的方式接近爱情和婚姻，那么注定将来他会遇到新的挫折和危险。婚姻是很高层次的理想关系，需要付出很多的努力，不健康的心理会成为额外的重担。

很多人结婚的目的并不正当。有些人是为了获得经济方面的安全感，有些人是为了怜悯别人，有些人是为了给自己找个仆人。而健康的婚姻中不应允许这样的把戏。我甚至还知道，有人结婚是为了给自己的生活增加困难。例如，也许有的年轻人难以应付学业或者将来的工作，他们觉得自己很容易失败，而失败正是他们不面对生活难题的借口。于是他们就会结婚，给自己增加新的困难，给自己容易失败增加新的证据。

我相信，下面这个问题，我们不仅不应该小看和轻视，反而更应该强调其重要性。这个问题就是，在我了解的所有破裂的婚姻中，总是女性承担更多不幸。毫无疑问，在我们当今的社会文化中，男性的生活约束相对更少，生活得更加容易。这是我们解决生活难题时普遍的错误认识。而这个错误，无法通过个人抗争来解决。尤其在婚姻中，个人抗争会扰乱社会关系，令伴侣丧失兴趣。这个错误只能通过改善我们的整体社会文化来加以解决。我的一个学生——底特律的雷希（Rasey）教授做过一个调查，结果发现，在她访问过的女孩子中，有42%的人更愿意做男孩。这意味着她们对自己的性别充满失望。如果人类中的一半人对自己的性别感到失望、灰心，一半人不同意和反对另一半人拥有更多自由，我们怎么可能轻易解决爱情与婚姻问题呢？如果女性总是受到轻视，并且相信自己只是男人的性对象，相信男人天生不忠、天生爱拈花惹草，我们怎么可能轻易解决爱情与婚姻问题呢？

综上所述，我们能够得到一个简单、明了又很有帮助的结论：人类不是生来应该奉行一夫一妻制或一夫多妻制。是我们居住于地球上这个事实，我们有两种性别这个事实，我们必须和人类伙伴平等交往这个事实，我们必须有效解决这3个限制这个事实，帮助我们看到：只有一夫一妻制才能保证每个人的爱情和婚姻得到最完全和最完美的发展。